mandelbaum *verlag*

Anselm Jappe

BETON

Massenkonstruktionswaffe des Kapitalismus

Aus dem französischen Original übersetzt von Gerold Wallner

mandelbaum *verlag*

mandelbaum.at • mandelbaum.de

ISBN 978-3-99136-003-2

Lektorat: PAUL BEER
Satz: KEVIN MITREGA, Schriftloesung
Umschlag: MARTIN BIRKNER, MICHAEL BAICULESCU
Druck: PRIMERATE, Budapest

Inhalt

Vorwort

Das auslösende Moment für diesen Aufsatz war der Einsturz der Morandibrücke im August 2018 in Genua. Ich war sogleich davon überzeugt, dass der Grund für diese Katastrophe, die viele für »unbegreiflich« hielten, gerade darin lag, dass die Brücke aus armiertem Beton war – aus Stahlbeton, einem Material, das nur eine begrenzte Haltbarkeit hat. Hier haben wir also ein lehrbuchmäßiges Exempel vorprogrammierter, für den Kapitalismus so lebenswichtiger Obsoleszenz. Und während ich mich über die verheerenden Folgen von Stahlbeton informierte, stieß ich auch auf schwerwiegende Vorhaltungen, die schon früher gegen ihn ins Feld geführt worden waren, wenn ihre Verbreitung auch beschränkt blieb. Mir erschien es daher angebracht, diese Kritiken zusammenzufassen, die viel zu oft hinter rein technischen Überlegungen verloren gehen.

Wenn man an Beton denkt, dann auch unweigerlich an moderne Architektur – die des 20. Jahrhunderts – und ihre Vertreter und Vorreiter, genauso aber auch an Funktionalismus und Urbanismus, schließlich und endlich an die zeitgenössische Stadt selbst. Im Gegensatz dazu handelt eine Reihe von Diskursen gleichermaßen von traditioneller Architektur und ihren gesellschaftlichen Voraussetzungen. Kurz gesagt: Ausgehend von einem einzelnen Ereignis öffnet sich ein weites Feld der Reflexion (wenigstens für mich), jedenfalls wenn man sich eher mit den zahlreichen Verbindungen der Dinge untereinander befasst als mit den Abschottungen der verschiedenen Sachgebiete gegeneinander. Ich bin keineswegs ein Experte für Architektur. Was ich hier etwaigen Leserinnen und Lesern vorlege, sind verstreute Überlegungen rund um dieses Thema, Ergebnis von Reflexionen, Lektüren und Gesprächen, von denen manche neu, andere jahrzehntealt sind. Diese Seiten nehmen also nicht in Anspruch, systematisch zu sein, noch die Frage erschöpfend zu behandeln. Tonfall, Perspektive und Gesichtspunkt können schon beim Umblättern wechseln. Ich hoffe nur, dass das Publikum sieht, dass ich mit meinen Betrachtungen immer zum Ausgangspunkt zurückkehre: der Schädlichkeit des Stahlbetons.

Ich konnte für dieses Unterfangen, fast ohne Überarbeitung, Zeilen übernehmen, die ich für mich selbst vor etwa dreißig Jahren niedergeschrieben habe. Auf diesem Gebiet – wie auch auf anderen – hat mich die Zeit nicht weiser gemacht: Die Architektur des 20. Jahrhunderts ruft bei mir noch immer denselben Widerwillen hervor wie in meiner Jugend. Das drücke ich auf wenig objektive oder ausgewogene Art und Weise aus, ohne Diplom oder andere Formen anerkannter Kompetenz auf diesem Gebiet, sondern einfach auf der Grundlage meiner spontanen und subjektiven Vorlieben. Ich habe kurze Ausflüge in verschiedene Disziplinen wie Geschichte, Architekturgeschichte, Kunstgeschichte, Literatur und Philosophie gemacht und mir dort jedes Mal herausgesucht, was meinen Absichten diente. Ich hoffe, dass diese allgemeinen Bemerkungen einem wohlmeinenden Publikum ein klein wenig überzeugend erscheinen mögen, auch wenn ich wohl weiß, dass die Spezialisten auf diesem Gebiet viel Gelegenheit zum Widerspruch finden werden.

Aber ich bin nicht der Einzige, der sich mit dieser Thematik auseinandergesetzt hat. Um meine Argumente besser zu untermauern, habe ich manche Autoren gelesen, die ich nicht oder nur schlecht kannte. Und einer war eine wahrhafte Entdeckung für mich: Bernard Rudofsky und seine Bemerkungen zur traditionellen Architektur. Das ist der Autor, dem ich mich in dieser Hinsicht am meisten verbunden fühle.

In Bezug auf die Literatur, die es schon zu Architektur, Wohnen, Urbanismus und Stadt gibt und die fast unüberschaubar ist, beansprucht diese kleine Studie nur in drei Punkten Eigenständigkeit: in der Betonung, die auf die Frage der *Materialien* gelegt wird; im Rekurs auf die sogenannte *vernakuläre* oder traditionelle Architektur, um die *modernen* Bauten beurteilen zu können; und im Nachweis des *Isomorphismus*, des innigen Zusammenhangs von Beton und Marktwertlogik.

Einleitung

Eine Brücke stürzt ein

Der 15. August, nach dem liturgischen Kalender der Katholischen Kirche der Tag Mariä Himmelfahrt, heißt in Italien *Ferragosto*. Er wird traditionellerweise als der Höhepunkt des Sommers angesehen. Selbst die, die im August – im Allgemeinen sehr heiß – nicht auf Urlaub gehen, genehmigen sich an diesem Feiertag eine Pause; sie fahren ans Meer, aufs Land oder treffen ihre Verwandten. Das heißt, es gibt viel Verkehr auf allen Straßen des Landes. Der Verkehr ist an den vorausgehenden oder folgenden Tagen gleichfalls sehr dicht, vor allem, wenn es »Brückentage« zum Wochenende gibt.

Man könnte also glauben, dass das Schicksal aus Bosheit den 14. August ausgesucht hat, um die Brücke in Stücke zu schlagen.

Norditalien hat eines der dichtesten Autobahnnetze der Welt, das im Wesentlichen während der 1960er-Jahre errichtet wurde. Das oft sehr stark gegliederte Gelände verlangt nach großen Arbeiten des Hoch- und Tiefbaus, vor allem an der ligurischen Küste, wo die Autobahn eine endlose Aneinanderreihung von Viadukten und Brücken ist. Kaum etwas hat so sehr dazu beigetragen, die Vorstellung zu verbreiten, dass Italien während weniger Jahre von einer »rückständigen« und landwirtschaftlichen Nation zu einem modernen Land geworden sei – die Autobahnen verkörperten mehr als alles andere das »Wirtschaftswunder« Italiens.

Unter diesen Meisterwerken der Ingenieurskunst kommt einer der Ehrenplätze dem *Viadotto Polcevera* in Genua zu. 1967 eröffnet, überspannte die Brücke ein Gutteil der Stadt, der Eisenbahnstrecken und ihrer bebauten Gebiete und erlaubte, den neuen Hafen zu erschließen, der innerhalb ihn umgebender Höhen relativ isoliert war. Ihr führender Ingenieur, Riccardo Morandi (1902–1989), hatte Technologien entwickelt, die damals als ausgesprochen innovativ angesehen und in der Folge häufig bei anderen Bauten angewandt wurden.

Es handelte sich um die erste italienische Schrägseilbrücke, bestehend also aus einem Fahrbahnträger, von Kabeln getragen, die von Hüllen aus vorgespanntem Beton umgeben[1] und an Pylonen befestigt waren (s. folgendes Kapitel). Die Gesamtkonstruktion maß mehr als einen Kilometer und das Hauptbrückenfeld hatte eine Spannweite von 208 Metern und war damit zu dieser Zeit das zweitlängste der Welt. Darüber hinaus erregte der Viadukt Bewunderung durch seine Leichtigkeit und Eleganz oder, anders gesagt, durch sein Design, was für die Marke *Made in Italy* so immens wichtig war. Das Land hatte also mehr als einen Grund, auf ihn stolz zu sein, und es überrascht nicht, dass er in der Alltagssprache bald *Ponte Morandi* genannt wurde.

Man könnte also glauben, dass das Schicksal aus weiterer Bosheit ausgerechnet diese Brücke ausgesucht hat, um sie in Stücke zu schlagen.

Am 14. August um 11 Uhr 36, während ein Gewitter über Genua niederging, zerbrach plötzlich ein Fahrbahnfeld des zentralen Abschnitts. 43 Menschen verloren ihr Leben, hauptsächlich Autofahrer, die über die Brücke fuhren, aber auch Arbeiter, die unter ihr ihrer Tätigkeit nachgingen. Es war gewiss nicht die größte technische Katastrophe, die Italien in den letzten Jahrzehnten getroffen hatte, aber diesmal war ihre Wirkung auf die öffentliche Meinung besonders stark. Die Bilder von einem Lastwagen, der es eben noch geschafft hatte, knapp vor dem Abgrund anzuhalten, und der dort tagelang zu sehen war, wie auch die Geschichte eines Manns, der einige Stunden über dem Nichts hing und auf das Eintreffen der Helfer wartete, sollten noch lange durch die allgemeine Phantasie spuken. Die Katastrophe hatte sich inmitten der Stadt ereignet und ihr Aussehen verändert; darüber hinaus mussten hunderte Menschen ihre Wohnungen verlassen.

Natürlich rief dies sofort mehrere beängstigende Fragen auf: Wie konnte eine solche Katastrophe eintreten? Kann sich so ein

1 Vorgespannt wird nicht der Beton, sondern der Bewehrungsstahl vor seinem Einbau ins künftige Innere des Betonbauwerks (ähnlich einem Expander). Die so erzeugte »Vorspannung« überträgt sich dann nach dem Betonieren auf den Beton und soll sich nach Fertigstellung mit den statisch bedingten Spannungen der Bauwerkslast gegenseitig aufheben.

Einsturz auch anderswo wiederholen? Und was tun, um das zu verhindern?

Unweigerlich begann die Suche nach Fehlern im Konzept, vor allem seitens der »Experten« bei einem so hochgradig spezialisierten Thema. Es stimmt, dass ein anderes berühmtes Bauwerk Morandis, die General-Rafael-Urdaneta-Brücke in Venezuela, 1964, wenige Jahre nach ihrer Fertigstellung, teilweise einbrach. Aber dieser Unfall war auf die Erschütterung durch den Aufprall eines Öltankers zurückzuführen. Pech, könnte man sagen, aber kein professioneller Fehler (im Brückenbau). Ein anderer Brückenbau Morandis, bei Agrigento in Sizilien, ist seit 2015 wegen struktureller Schwächen geschlossen und manch andere seiner Brücken haben Probleme. Aber alles in allem kann man keinen Fehler in den Berechnungen feststellen, was nahezulegen scheint, dass die Bauwerke, die er geplant hat, nicht schlechter als andere sind.

Die Versuche, die Gründe für ein so spektakuläres Desaster festzumachen, konzentrierten sich auf die »innovativen« Lösungen des Ingenieurs, also diejenigen, die seinen Ruhm begründeten, um herauszufinden, ob sie nicht neue Probleme hervorgerufen hätten, die nur eine strenge Wartung hätte vermeiden können und an der es erwiesenermaßen gefehlt hatte. Die Aufmerksamkeit der Fachleute fiel auf die Stahlkabel, die Tragseile, die in Hüllen aus vorgespanntem Beton lagen. Laut Morandi sollten diese die Korrosion der Kabel verhindern, die Hauptgefahr, die Bauwerken dieser Art droht. In Wahrheit verkomplizierten sie die Überprüfung der effektiven Korrosion der Kabel gehörig, weil sie diese unsichtbar und praktisch unzugänglich gemacht hatten. Andere Experten erklärten, die Brücke habe sich nicht »wie vorgesehen« verhalten, vor allem auf dem Niveau des Fahrbahnträgers aus vorgespanntem Beton; dieser hatte unter bestimmten Bedingungen zu schwingen begonnen. Kaum zwölf Jahre nach ihrer Indienststellung musste Morandi selbst vorzeitige Alterungserscheinungen zugeben, die er der durch das Meer salzhaltigen Luft und den Dämpfen[2] der be-

2 Stahl ist im Inneren des Betons theoretisch vor Korrosion geschützt. Dies funktioniert aber nur, solange der Beton einen bestimmten ph-Wert aufweist. Ändert sich der ph-Wert wesentlich infolge des Ein-

nachbarten Stahlwerke zuschrieb[3] – zwei Faktoren, die aber schon zum Zeitpunkt des Baus gegeben waren. Ebenso war die starke Zunahme des Autoverkehrs nicht berücksichtigt worden; sie hatte die Lage verschlimmert und die Schwingungen der Konstruktion überschritten alles, womit man gerechnet hatte. Die laufenden Instandhaltungsarbeiten wurden so kostspielig, dass man sogar so weit ging, den Abriss des Bauwerks zu erwägen, und bekräftigte, dass die Kosten für die Erhaltung à la longue die für einen Neubau überträfen.[4] 2006 schlug der spanische Stararchitekt Santiago Calatrava Valls vor, es durch eine Stahlkonstruktion zu ersetzen. Zusammengefasst kann man sagen, die Morandibrücke war schon lange Zeit das Objekt reger Beunruhigung, und nach ihrem Einsturz sprachen manche mit mehr oder weniger ausgeprägter Genugtuung von einer »angekündigten Katastrophe«.[5]

Die ungenügende Instandhaltung eines ohnehin schon problematischen Bauwerks fand sich daher auch im Zentrum von

flusses aggressiver Chemikalien, rostet der Bewehrungsstahl auch im Inneren des Betons. Und ohne die Stahlbewehrung kann der Beton keine Zugspannung mehr aufnehmen (Beton selbst ist ja an sich nichts anderes als zusammengeklebte Sandkörner) und die Statik des Bauwerkes stimmt nicht mehr. Tödlich für Stahlbeton sind übrigens nicht nur industriell bedingte Verschmutzungen von Luft und Wasser, sondern auch Meeressalz und in Moorwasser bzw. Abwässern gelöste organische Rückstände (z. B. Huminsäure). Man kann Beton natürlich mittels Schutzverkleidungen und Schutzanstrichen gegen solche Schadangriffe von außen isolieren. Ewig halten solche Schutzmaßnahmen aber auch nicht.

3 Riccardo Morandi, »The Long-term Behaviour of Viaducts Subjected to Heavy Traffic and Situated in an Aggressive Environment: the Viaduct on the Polcevera in Genoa«, IABSE Reports of the Working Commissions, 32, S. 170–180, 1979 [http://doi.org/10.5169/seals-25613].

4 Antonio Brencich, »Ponte Morandi, parla l'esperto: ›Il fulmine non c'entra niente, il ponte era fragile, andava abbattuto‹«, Genova Post, 14. August 2018 (Der Blitz erklärt gar nichts, die Brücke war zerbrechlich, man hätte sie abreißen sollen). Dieser Hochschullehrer für Ingenieurswissenschaft an der Universität von Genua hatte sich zu diesem Thema schon 2016 geäußert [www.teknoring.com/news/ingegneria-strutturale/ponte-morandi-genova-analisi-infrastrutturale].

5 »Italie: des défaillances sur la structure du pont Morandi à Gênes avaient été signalées« (Auf Mängel am Tragwerk der Morandibrücke in Genua war schon hingewiesen worden), *Le Monde*, 15. August 2018.

Polemiken. Wer hätte sich darum kümmern sollen? Seit 1999, als die Autobahnen in Italien privatisiert wurden, war es die Gesellschaft Autostrade per l'Italia, der die Geschäftsführung der Brücke oblag. Auf das niedrige Niveau der Instandhaltung als Folge der Privatisierung war oft hingewiesen worden und wenn man bedenkt, dass der Hauptaktionär der Autostrade per l'Italia die Benetton-Gruppe ist, eher bekannt für Pullover und Socken, scheint der Verantwortliche auch schon gefunden zu sein. Die populistische Bewegung »5 Sterne«, die damals gerade eine Regierung mit der rechtsextremen Lega gebildet hatte, riss das Thema an sich und schlug nicht nur vor, dem Unternehmen eine sehr hohe Geldstrafe aufzuerlegen, sondern ihm auch die Betriebslizenz für Autobahnen in ganz Italien zu entziehen. Vertreter dieser Partei erneuerten in regelmäßigen Abständen ihren Vorschlag, trotz der Vorbehalte der anderen großen Parteien der Linken und der Rechten und trotz seiner schwierigen rechtlichen Umsetzung. Die Benennung des Schuldigen schien übrigens durch gerichtliche Untersuchungen über mehrere Fälle von Manipulationen der Berichte zum Zustand anderer Brücken bestätigt zu werden, die die Leiter von Autostrade ihren Angestellten abverlangten.[6] Ein Teil der öffentlichen Meinung in Italien hing also einem »verkürzten Antikapitalismus« mit populistischen Zügen an: Eine Familie »fetter Kapitalisten« – Benetton – mache riesige Gewinne, indem sie auf Kosten der braven und anständigen Bürger spare. Was nicht falsch war, aber als Erklärung zu kurz griff.

Andere wiederum schoben die Schuld auf allgemein mangelndes Vertrauen in den Fortschritt und die Abwehr von – neuen – Technologien, wobei sie unterstrichen, dass die Projekte alternativer Autobahnen – zum Beispiel die Umfahrungen von Genua – durch

6 Dokumente, die von der Polizei am Sitz des Unternehmens beschlagnahmt wurden, deuten darauf hin, dass schon 2014 bei einem Treffen, an dem auch Vertreter des Ministeriums für Infrastruktur und Transportwesen teilnahmen, das Risiko eines Einsturzes der Morandibrücke zur Sprache gebracht worden war. Aber man entschied sich, nichts zu tun. Das Unternehmen rechtfertigt sich heute mit der Versicherung, das Risiko »war nur theoretisch« (*La Repubblica*, 21. November 2019).

Widerstand blockiert würden, der die Umweltzerstörungen, die enormen Kosten und die Gefahr von Korruption ins Treffen führe.

Dazu gesellten sich nota bene Verschwörungstheorien. Im Internet kursierende Artikel und Videos zeigten, dass das Brückenjoch durch eine Dynamitladung zerstört worden sei, damit sich jemand eine goldene Nase mit dem Wiederaufbau verdienen könne; aber auch – Überraschung! – weil Ligurien an der Grenzlinie der Einflussbereiche zweier rivalisierender Freimaurerzentren liege. Die Videos der Überwachungskameras, die den Einsturz gefilmt hatten, wurden erst einige Monate nach dem Ereignis veröffentlicht; gab es also einen besseren Beweis dafür, dass jemand versuchte, ein furchtbares Geheimnis zu verbergen?

Wer also ist nun schuld?

In Wirklichkeit ist die Morandibrücke eingestürzt, *weil sie aus Stahlbeton gebaut* und bereits ein halbes Jahrhundert alt war. Sofern nicht unverhältnismäßig hohe Summen für die Sicherung des Betriebes ausgegeben werden, wird die Haltbarkeit eines solchen Bauwerks schon nach dreißig Jahren ein Problem; dann beginnt die Phase seines Verfalls, erst recht, wenn es ein Alter von sechzig oder siebzig Jahren erreicht hat. Es liegt nicht in seiner Natur, länger zu halten, was immer auch sein Erbauer darüber denken mag.

Stahlbeton hat zwischen den 1950er- und 1970er-Jahren einen spektakulären Aufstieg erlebt, zumindest in der westlichen Welt. Welche Zukunft lässt das für die uns umgebenden Bauwerke prognostizieren?

Der Einsturz der Morandibrücke gilt als eine rätselhafte Ausnahme, die man nur mit außergewöhnlichen Gründen erklären könne. Aber wenn sich Ähnliches in den kommenden Jahren wiederholte? Wenn das nur ein Zeichen für die Zukunft war? Ein Menetekel, eine von einer Geisterhand auf eine Wand geschriebene Warnung? Wenn Millionen von Wohnhäusern und Brücken, von Deichen und Autobahnen, von Flughäfen und Wolkenkratzern mit sich steigerndem Rhythmus anzeigen sollten, dass sie aus Sand und korrosionsempfindlichen Verstärkungen aus Metall gebaut sind, was sie ja auch *tatsächlich* sind? Und wenn die in ihrem Wesen eingeschriebene Zerrüttung, ihre Schwäche, ihr Zerfall nicht nur das sichtbare Merkmal dieser Bauwerke sind, sondern auch eine Folge des Zerfalls und der Auflösung der Gesellschaft, die jene hervorgebracht hat?

Man kann natürlich die Unfähigkeit der Ingenieure, die Unterordnung der Sicherheitserfordernisse unter den Profit, das Fehlen von »Unternehmenskultur« der Ausführenden (ihre Kartelle und Durchstechereien), die Habgier oder Kurzsichtigkeit der öffentlichen oder privaten Betreiber kritisieren oder verurteilen. Man kann noch weiter gehen und die Notwendigkeit in Frage stellen, ständig weitere Bauwerke aufzuziehen, die üblicherweise mit Beton errichtet werden, wie etwa die Flughäfen, Autobahnen, Dämme und Hochhäuser, die nunmehr von einem immer größeren Teil der Bevölkerung, zumindest in Europa, mit Vorbehalt betrachtet und dementsprechend Thema von Debatten werden.

Aber kann man den Stahlbeton als solchen kritisieren? Er hat den Ruf, weniger schädlich als Asbest oder Pestizide zu sein und gleichermaßen zu weniger Umweltschäden als das Auto, das Fernsehen oder das Plastik zu führen. Und doch stuft ihn der liberale englische *Guardian*, der nicht gerade ein Blatt des Anarcho-Primitivismus ist, als »das destruktivste Material auf Erden« ein.[7] Das hochinteressante Dossier, das er ihm widmete, bleibt aber dennoch auf messbare Schädlichkeiten beschränkt. Und um das Argument noch weiterzutreiben: Ist es möglich, dass der Beton Bindungen zum Kapitalismus unterhält, die sich nicht darauf beschränken, für einige die Profite zu steigern, sondern so weit gehen, aus ihm die perfekte Materialisation der Logik des Warenwerts zu machen? Dieser scheinbar harmlose Stoff, den die Engländer *concrete* und die Lateinamerikaner *concreto* nennen, kann gut und gerne als *die konkrete Seite der kapitalistischen Abstraktion* betrachtet werden. Im vorliegenden Fall wird man sehen, dass das »automatische Subjekt« der Wertverwertung eine wesentlich destruktivere Macht hat als alle schlechten Ingenieure und alle gierigen Aktionäre zusammen.

Der Kult der Leichtigkeit konnte glauben machen, dass man Bauwerke mit sehr wenig Material errichten könne, ohne die Ge-

7 Jonathan Watts, »Concrete: the Most Destructive Material on Earth«, *The Guardian*, 25. Februar 2019.

setze der Schwerkraft zu beachten. Aber man hat die Augen vor einer Konsequenz verschlossen: Wenn ein einziges Trägerelement Mängel aufweist, ist die gesamte Konstruktion in Gefahr. Bei einer Brücke mit mehreren Bögen ist dieses Risiko geringer: Der Einsturz eines ihrer Teile führt nicht automatisch zum Zusammenbruch des Rests. Hier wie auch anderswo setzt man als offenkundig voraus, dass es niemals Störfälle geben werde. Die Morandibrücke stellt sich also als ein lehrbuchmäßiges Beispiel von *Hybris* dar, die auf allen Ebenen und in höchstem Grade die kapitalistische Antizivilisation ausmacht.

Wir müssen also diese zusätzliche Dimension der globalen Krise der kapitalistischen Gesellschaft bedenken, jenseits des ökonomischen und ökologischen Kollaps, der Energiekrise und nunmehr auch des epidemiologischen Zusammenbruchs: Eine erkleckliche Anzahl menschlicher Konstruktionen mit kurzer Verfallszeit könnte buchstäblich einstürzen und in Stücke brechen und furchtbare Ruinen hinterlassen.

Jenseits der Frage, welche historische Logik den Beton möglich gemacht hat, ist es auch angemessen, zu fragen, was der Beton seinerseits möglich gemacht hat. Die Kritik dieses Materials könnte sich dann auch auf die Kritik der sogenannten »modernen« Architektur wie auch des zeitgenössischen Urbanismus erstrecken, wobei es nicht nur um die Frage des Raums und seiner Nutzung geht, sondern auch um die Gesamtheit der angewandten Materialien.

Die übliche Rechtfertigung, wonach ohne Beton die moderne Architektur nicht möglich geworden wäre, muss in einen Akt der Anklage verkehrt werden. Es ist offensichtlich unmöglich, die Überlegungen zum Stahlbeton von einem globaleren Diskurs über die moderne Architektur, der des 20. und 21. Jahrhunderts, zu trennen. Daher auch das Interesse, etwas Licht auf die moderne Architektur generell zu werfen, wie weit dieses Feld auch ist. Und ohne zu vergessen, dass der Beton nicht der einzige fragliche Faktor ist; fürchterliche Schäden sind auch anderen Baustoffen zuordbar, beispielsweise den Hohlziegeln, die man insbesondere beim aktuellen »Eigenbau« vorfindet.

Man hat oft – es genügt, an die Namen Henri Lefebvre und David Harvey zu erinnern – das kapitalistische Management des (öffentlichen) Raums und die daraus resultierende soziale Ungerechtigkeit kritisiert. Die Frage der verwandten *Baustoffe* hingegen ist fast nie gestellt worden. Genau darum werden wir uns hier darauf konzentrieren.

Kapitel 1
Eine kleine Geschichte des Betons

Das Problem wäre also der Beton. Aber wurde nicht auch das Pantheon in Rom damit gebaut? Wenn man weiß, dass er nur aus einer Mischung von Kalk, also in Öfen gebranntem Kalkstein, Sand, verschiedenen Zusätzen (zerstoßenen Steinen und Ziegeln) und Wasser besteht, warum sollte er gefährlich sein? Er gehört seit mehr als zehntausend Jahren zu den Materialen, die seit den ersten Bauwerken der Menschen verwendet wurden, die nicht einfach in Trockenbauweise errichtet wurden, und wenn wir von organischen Materialien (Holz, Häuten, Textilien, Stroh etc.) und dem Mauerbau mit trockenen Steinen absehen, fällt er mit der Baukunst selbst zusammen. Man darf auch nicht Erdbetonarten (Adobe, Stampflehm) vergessen, die seit Menschengedenken bekannt waren. Wie und warum hätte man also darauf verzichten sollen?

Ein derartiger Einwand beruht auf der gängigen Verwechslung von *Zement*, *Beton* und *Stahlbeton*. Das Pantheon, vor zweitausend Jahren errichtet, ist aus *Beton*; der Fahrbahnträger der eingestürzten Morandibrücke wie quasi die Gesamtheit der Bauwerke, die wir Beton nennen, ist aus *Stahlbeton*, das heißt ausgeführt mit Verstärkungen aus Eisen oder Stahl. Es gibt einen großen Unterschied zwischen dem ersten, der eine tausendjährige Geschichte hat, und dem zweiten, der im 19. Jahrhundert erfunden wurde und dessen Gebrauch sich erst nach dem Ersten Weltkrieg und mehr noch nach dem Zweiten allgemein durchsetzte. Wenn Bob Marley in einem seiner Lieder den Betondschungel, *the concrete jungle*, beklagte und die deutschen Autonomen und Hausbesetzer der 1970er-Jahre an die Mauern schrieben: »Schade, dass Beton nicht brennt«, griffen sie in Wirklichkeit *reinforced concrete* und *Stahlbeton* an.[8] Wenn

8 Ein französisches Graffito aus den 1970ern war noch präziser: »Le béton est armé – et vous?« (Der Beton ist bewaffnet – armiert –, und ihr?)

man auch Bob Marley verzeihen mag, nicht von *reinforced concrete jungle* gesprochen zu haben, was nicht gut geklungen hätte, so muss jeder kritische Diskurs auf der Ebene terminologisch präzise sein, will er nicht sein Ziel verfehlen.

Es geht nicht darum, ein Zurück zum Mauerwerk ohne Bindemittel zu predigen – das sich notgedrungen auf Hirtenhütten wie in den Causses oder Megalithbauten wie die Tholos in Mykene, die Nuraghi in Sardinien oder die Paläste der Inkas beschränkte. Unsere Ausführungen handeln von dem speziellen Material, das der mit dem industriellen Kapitalismus eng verbundene Stahlbeton ist. Technisch gesprochen, wäre es unmöglich, Wolkenkratzer und einen ganzen *concrete jungle* aus nicht armiertem Beton zu erbauen. Diese Präzisierungen erscheinen umso notwendiger, als beispielsweise das sehr reichhaltige Dossier, das der *Guardian* im Februar 2019 dem Beton gewidmet hat und auf das wir uns im Laufe dieser Studie öfters stützen, keinerlei klare Unterscheidung zwischen diesen verschiedenen Formen trifft. Das ist teilweise verständlich, da es vor allem um die Frage seiner Schäden für Gesundheit und Umwelt geht. Denn die gehen tatsächlich auf den Beton, im Sinne der Mischung aus Splitt und Sand mit einem Bindemittel, zurück, noch vor der Einfügung metallischer Verstärkungen. Aber nur in seiner armierten Form wird der Beton massiv angewendet und schafft diese Probleme. Die Schrecken der heutigen Architektur und der modernen Bauwerke sind die Folge der Kombination von Beton und Stahl.

Mit anderen Worten, es kann nicht darauf verzichtet werden, hier ein Mindestmaß an Erklärungen zu geben und es mit einigen Präzisierungen zum angewandten technischen Vokabular zu versehen. Der Schreiber dieser Zeilen ist keineswegs ein Experte in dieser Materie. Deshalb kann der Leser sicher sein, dass der Autor ihn nicht mit technischen Begriffen überfrachten und auch keine Vorkenntnisse auf diesem Gebiet voraussetzen wird. Er wird nur versuchen, gerade das Wenige, das er selbst davon verstanden hat, zusammenzufassen.

Von Steinen und von Sand

Man hat immer verschiedene Bindemittel verwandt, um die Bestandteile der Bauwerke stabil zusammenzufügen, besonders die Verbindungen aus Mineralien oder gebranntem Ton. Wenn sich die Mischung auf Sand und Wasser und ein Bindemittel beschränkt, spricht man einfach von »Mörtel«. Wenn es sich um kleine Steinstückchen, zermahlene Tonziegelscherben und Sand handelt, die mit einem sogenannten hydraulischen Bindemittel zusammengeführt werden, entsteht aus der Mischung ein Brei und wird schnell fest. Dieses »Abbinden« kann auch unter Wasser geschehen, daher die Bezeichnung »hydraulisch«. Der Brei wird anschließend in eine Form aus Holz oder Metall (Verschalung) oder einfach in hohle Erde gegossen, die als diese Form dient.

Es war im Nahen Osten, vom Ende des Neolithikums an, dass man verschiedenen Beton im weiteren Sinn zu verwenden begann: zuerst auf der Basis mehr oder weniger tonhaltiger Erden, dann von Kalk. Die Produktion von Kalk aus Kalkstein, einem der am meisten verbreiteten Gesteine auf der Welt, erfordert eine hohe Brenntemperatur (ungefähr 900° C). Die liefert Ätzkalk (in Pulverform) und setzt Kohlendioxid in die Atmosphäre frei. Wenn der Kalk rein ist und mit Wasser vermischt wird, ergibt das Sumpfkalk und das Phänomen des Abbindens findet nicht statt. Wenn er mit Luft in Berührung kommt, härtet der Brei durch Verdunstung eines Teils des Wassers des Gemischs aus (Karbonatisierung). Wenn der Kalk unrein ist und Ton enthält, führt das zur Bildung von Calciumsilikaten und -aluminaten und man erhält die gesamte Spanne hydraulischer Kalke. Vermischt mit Wasser (Löschen des Kalks) ergeben sie eine Paste, die bei Luftkontakt mehr oder weniger schnell (von einigen Tagen bis zu einigen Wochen) aushärtet. Bis dahin kann man mit ihnen arbeiten, um Steine zu verbinden oder die Oberflächen von Gebäuden zu verputzen. Die Ägypter verwendeten beim Bau der Pyramiden mit Ton kombinierten ungelöschten Ätzkalk (Calciumoxid).

Im ersten Jahrhundert v. u. Z., und möglicherweise schon früher, findet man Beton[9] bei den Römern vor: Sie fügten dem Mör-

9 Das Wort *Beton* (im Deutschen seit den 1830er-Jahren belegt), bekannt um 1165 in der mittelfranzösischen Form *betun* (was ursprünglich *Mörtel* bedeutete, ein Wort, das sich wiederum vom Gefäß, dem *mortarium* ableitet, in dem dieser zubereitet wurde), stammt vom lateinischen *bitumen* ab (von *pixtumens, Pech, das anschwillt*). Um zur Verwirrung in

tel Puzzolane, ein vulkanisches Granulat, das bei Pozzuoli in der Nähe des Vesuvs abgebaut wurde, und zerriebene Ziegel hinzu. Das nannten sie *caementum* (Baustein oder Bruchstein), woraus später das Wort »Zement«[10] wurde. Vitruvius spricht in seinem berühmten Werk *De Architectura*, verfasst um das Jahr 15 u.Z., ausführlich davon. Im Römischen Reich wurde es in reichem Maße zur Errichtung öffentlicher Bauten verwandt; der wohl bekannteste ist das Pantheon in Rom. Ausgeführt am Beginn des 2. Jahrhundert u.Z., ist seine Kuppel nicht nur die größte der Antike, sondern bis zum heutigen Tag auch die größte aus (nicht armiertem) Beton. Nach fast zweitausend Jahren und trotz wiederholter Erdbeben steht sie noch immer und zeugt von ihrer »Festigkeit in der Dauer« – eine Vitruv'sche Formel, die durch den lateinischen Begriff *firmitas* wiedergegeben wird.

Während die verschiedenen Mörtel dazu dienten, Steine untereinander zu *verbinden*, ermöglichte es der römische Beton, den Stein selbst zu *ersetzen* und mit diesem Gemisch Bauten zu errichten. Es handelte sich folglich um *künstlichen Stein*. Diese Art von Beton verschwand mit dem Zusammenbruch des Römischen Reichs und die Kuppel der Basilika der Hagia Sophia in Konstantinopel (6. Jahrhundert) wurde dann aus Ziegeln und Steinen gebaut, ebenso wie die der Kathedrale Santa Maria del Fiore in Florenz (15. Jahrhundert) und des Petersdoms in Rom (16. Jahrhundert).

Es ist dennoch nicht zutreffend zu sagen, dass der Beton am Ende des 19. Jahrhunderts »wiederentdeckt« wurde, um damit eine

der Terminologie noch weiter beizutragen, spricht man auch noch von *Zementbeton*. Das englische Wort *concrete* selbst kommt vom lateinischen *concretus* (*kompakt*, *verdichtet*), passives Perfektpartizip des Verbs *concrescere* (*zusammenwachsen*, *sich verfestigen*). Das Adjektiv *konkret* ist im Deutschen seit dem 18. Jahrhundert aus der lateinischen philosophischen Sprache entlehnt.

10 Was die Römer als *opus caementicium* bezeichneten, ähnelt schon sehr dem modernen Beton: die Beigabe von Puzzolanen oder zermahlenen Ziegeln zum Kalk, um schwach hydraulischen Kalk zu erhalten (mit Silikaten oder Aluminaten). Das Gemisch wurde von Wasser nicht angegriffen, härtete in feuchter Umgebung aus und wurde als Gussmauerwerk zwischen zwei dünnen Schalwänden aus Holz oder keramischen Mauern verwandt.

kontinuierliche Verbindung zwischen dem Pantheon in Rom und der Arche de la Défense in Paris über die Werke von Le Corbusier herzustellen. Tatsächlich war die bedeutende Änderung das Eindringen und die weitere Entwicklung des *armierten* Betons und nicht die Wiederaufnahme des römischen *nicht armierten* Betons, obwohl – natürlich – der armierte Stahlbeton stets gewisse Formen von Beton voraussetzt und obwohl die Umwelt- und Gesundheitsprobleme, die er hervorruft, vor allem der Natur des Betons als solchem geschuldet sind. Aber man würde nicht jährlich Milliarden von Tonnen Beton aufwenden, wenn es nur nicht mit Stahl armierten Beton gäbe …

Bevor man jedoch beim Stahlbeton landete, begann man am Beginn der Industriellen Revolution, den Zement zu perfektionieren. Um 1775 führte der englische Ingenieur John Smeaton auf der Suche nach einem wasserabweisenden Mörtel eine Reihe von Versuchen durch und entdeckte nicht nur, dass die Hydraulizität von Mörteln, das heißt die Fähigkeit, im Kontakt mit Wasser auszuhärten, nicht nur von der Menge des Tons in den verwendeten Kalken abhing, sondern auch, dass sie je nach Bedarf verändert werden konnte. So war es also nicht mehr notwendig, sehr teure und seltene und deshalb teure Puzzolane beizumengen. Der Leuchtturm von Eddystone, mitten im Meer aus Zement gebaut, widerstand über einhundert Jahre extremen klimatischen Bedingungen.

Im Jahr 1792 entdeckte ein anderer Engländer, der Pastor James Parker, auf der Insel Sheppey einen Kalkstein, dessen Tongehalt es erlaubte, einen natürlichen Zement zu bekommen, der schnell abbindet. Er erwarb ein Patent und beutete seine Erfindung unter dem Namen »Romanzement« (*roman cement*) aus, so als hätte er dessen ursprüngliche Zusammensetzung wiedergefunden. Das war nicht der Fall, aber man bewunderte am römischen Zement seine außerordentliche Langlebigkeit und versuchte, ihrem Geheimnis mit allen Mitteln auf die Schliche zu kommen. Romanzement wurde auch »Naturzement« oder »Schnellzement« (dem Gips sehr ähnlich) genannt und im 19. Jahrhundert größtenteils für Gesimsarbeiten verwandt und bisweilen auch, um »künstliche Steine« aus gegossenem Zement herzustellen; anders gesagt, nicht um Gebäude zu bauen, sondern um sie zu verzieren. Es war also kein Zement im heutigen Sinn, sondern eher ein hochhydraulischer Kalk.

Mit dem Aufschwung der chemischen Industrie wich der Naturzement dem »künstlichen« Zement. Im Jahr 1818 beschrieb der junge französische Ingenieur Louis Vicat das Prinzip der Hydraulizität von Kalken und zeigte, wie sie nach Wunsch herzustellen waren. Er verwandte seine Erfindung, um Brücken zu bauen,[11] verweigerte aber freiwillig, ein Patent darauf zu erwerben (was ihm eine Lobeshymne Balzacs in *Le Curé de campagne*, aber später auch eine lebenslange Staatspension einbrachte). Dann war es wieder ein Engländer, Joseph Aspdin, der um 1824 ein Patent für das einreichte (das Problem mit den Patenten gibt es also nicht erst seit gestern), das er *Portlandzement* nannte und, wie er ausführte, zur Herstellung »künstlichen Steins« diente. Sein Sohn William sorgte für seine dermaßen weite Verbreitung, dass er noch heute eine weltweit anerkannte Norm bezeichnet. Dieser künstliche (also von Menschenhand produzierte) Zement basiert auf Klinker,[12] einem Gemisch, das das zu 80 % aus Kalk und zu 20 % aus Ton besteht. Erst auf 1 450° C erhitzt, damit es fest wird, wird es danach zu Pulver zermahlen (Klinkerisation). Das war jedoch noch kein »wirklicher« Zement, sondern eher ein Bindemittel. Man musste bis 1844 warten, ehe Aspdins Konkurrent Isaac Charles Johnson eine verbesserte Version entwickelte, die sehr bald für den »wahren Portland« angesehen wurde, härter als das Original.

Dank des verbesserten Portlandzements konnte man nun tatsächlich damit beginnen, Bauten aus Beton zu planen. Dieses Produkt findet sich noch in einem Teil der heutigen Bauwerke. Ab der zweiten Hälfte des 19. Jahrhunderts wurden Zementfabriken in ganz Europa eröffnet. Die fortwährenden Verbesserungen und die leichte Verfügbarkeit der Rohstoffe machten daraus ein billiges Produkt. Und so verkürzte sich die notwendige Produktions-

11 Gegen Ende seines Lebens, 1855, baute er in Grenoble eine der ersten Brücken aus gegossenem, nicht armiertem Beton mit einer Spannweite von einigen Metern.

12 Man darf den Klinker als solchen nicht mit den Klinkerziegeln (Hartbrandziegeln) verwechseln, die teilweise glasiert und vor allem in Holland an Fassaden verwendet werden.

zeit einer Tonne Klinker von 48 Stunden im Jahr 1870 auf etwa drei Minuten heute.

Es scheint, dass die Villa Lebrun in Marssac-sur-Tarn, erbaut 1828 vom Architekten François-Martin Lebrun, das erste Bauwerk seit der Antike ist, das zur Gänze aus Beton errichtet wurde.[13] Lebrun war der Erste in Frankreich, der die Errichtung großer Bauwerke aus Beton verfolgte, wie etwa des Rathauses von Gaillac oder zahlreiche Brücken. Auch in anderen Ländern entstanden bald Betonbauten.

Doch dieses neue Material, das man weiterhin auf traditionelle Art verwandte, hätte niemals den Aufschwung des Betons gestattet, so wie er heute verwandt wird. Konstruktionen größeren Ausmaßes blieben schwierig zu realisieren, trotz aller fortdauernden Experimente. Das entscheidende Element musste von anderswoher kommen.

Ein Schiff aus … Stein

Im Jahr 1855 konnten die Besucherinnen und Besucher der Weltausstellung in Paris ein recht sonderbares Objekt betrachten, nämlich ein kleines Schiff, das zur Gänze *aus Stein* zu sein schien. Genauer gesagt, handelte es sich um ein Schiff aus Mörtel, versehen mit einer gitterförmigen Armierung aus Eisen, das tatsächlich im Wasser schwamm und für die Fahrt auf Gartenteichen gedacht war. Es erregte offenbar kaum Interesse. Sein Erfinder, Joseph-Louis Lambot, hatte schon seit einem Jahrzehnt Versuche mit Blumenkisten, Wasserbehältern und Booten durchgeführt, die alle eine innere, mit Mörtel bedeckte Eisenkonstruktion aufwiesen. 1855 patentierte er sein Verfahren unter dem Namen »Ferciment« (Eisenzement), ohne den erhofften Erfolg zu erzielen. Doch das Prinzip des armierten, des bewehrten Betons war geboren. Es musste nur gelingen, es in großem Maßstab anzuwenden.

Das gelang dem französischen Gärtner Joseph Monier. Seit 1867 reichte er verschiedene Patentschriften ein – um Kisten für Orangenbäume und Wasserbehältnisse zu bauen, später Stiegen, kleine Brücken, Rohrleitungen und sogar für »maisons fixes ou

13 Die Villa steht noch heute.

portatives« (feste oder transportable Häuser). Er verstand es nicht wirklich, aus seinen Patenten Gewinn zu ziehen, und starb verarmt. Aber das Prinzip des bewehrten Betons überlebte ihn, und in Deutschland wurde dieser eine Zeitlang »Moniereisen« genannt. Tatsächlich verwandten Unternehmen dieses Lands, nachdem sie die Lizenzen gekauft hatten, systematisch den Stahlbeton, namentlich für die Errichtung des Reichstagsgebäudes (1884–1894).

In der Folge entwickelte der französische Ingenieur François Hennebique Berechnungsmethoden für Stahlbeton und meldete Patente für die Lösung des Problems der Spannungsverteilung hinsichtlich der metallischen Verstärkungen an. Er gründete eines der ersten Büros, das sich auf Untersuchungen in diesem Bereich spezialisierte. Ab 1892 wurden Tausende von Gebäuden von seiner Firma geplant und errichtet (Fabriken, Arbeiten im Hoch- und Tiefbau, andere Gebäude). Mit seinem Netz an Niederlassungen hatte Hennebique quasi ein Monopol auf die Anwendung dieser Bautechnik, nicht nur in Frankreich, sondern auch in der Mehrzahl der industrialisierten Länder und ihrer Kolonien. Er installierte das »System Hennebique«, das erheblich zum Aufschwung und Erfolg des neuen Baustoffs beitrug, und gründete die Zeitung *Le Béton armé*, die bis 1939 erschien. So diente der Beton nicht mehr nur dazu, bestimmte Teile der Gebäude zu errichten, vor allem der Fundamente, wo er ja wirklich sehr leistungsfähig ist, sondern ganze Gebäude vom Keller bis zum Dachboden.

Typisch für die Übergangsperiode von der Anwendung hydraulischer Zemente (des Typs Portland) zu der von bewehrtem Beton ist das (heute unter Denkmalschutz stehende) Haus, das der Unternehmer François Coignet in der Pariser Vorstadt Saint-Denis 1853 bauen ließ. Es wurde aus Blöcken von Stampfbeton, den er gerade erfunden hatte, gebaut, einer Imitation des Steins: eines Betons, der in kleine Formen gegossen und manchmal »flüssiger Stein« genannt wurde. Interessanterweise hob eine Architektenkommission, die das Gebäude besuchte, die zwei folgenden Aspekte hervor: zum einen den Gebrauch von minderwertigeren Materialien im Vergleich zu den traditionell benutzten und zum anderen die Ersetzung qualifizierter Arbeiter durch ungelernte. Sie kennzeichnen die Saga des Stahlbetons: auf das angesammelte Wissen der Handwerker zu verzichten und an der Qualität des Materials zu sparen. Es ist auch bemerkenswert, dass Coignet ein (gemäßigter) Anhänger des Utopisten Charles Fourier war, für billige Kredite für das Volk kämpfte und 1848 eine Neuorganisierung der Arbeit vorgeschlagen hatte, die auf einer »freien und freiwilligen Assoziation von Arbeitern und Unternehmern« beruhen sollte. 1855 schrieb er, dass dank seiner Erfindung »man mit wenigen Kosten die Verbesserung der Armenviertel bewerkstelligen könnte, und zwar durch den Bau von Häusern, die sowohl mit Eleganz des Äußeren und Komfort im Inneren als auch bei Wahrung der Interessen der Eigentümer es gestatteten, den Arbeitern für eine niedrige Miete angenehmere, gesündere, geräumigere Wohnungen als die, die die Bourgeoisie für teures Geld in der Rue Rivoli bekommt, zur Verfügung zu stellen«.[14] 1861 verkündete er, sein Beton sei dazu bestimmt, »die Sicherheit, das Wohlergehen, die Gesundheit und die Moral der Menschheit zu verwandeln«.[15] Er erbaute in derselben Straße, in der sein eigenes Haus stand, und mit derselben Technik einen Wohnbau mit 73 Wohneinheiten von guter Qualität für seine Arbeiter. Er war damit der erste Vertreter der Verbindung von Beton und fortschrittsgläubiger Bourgeoisie, von »Beton« und »Wohnungen für alle«; eine Verbindung, der wir im Lauf dieser Geschichte immer wieder begegnen werden. Die erheblich geringeren Kosten seines Betons im Vergleich zu Stein und Ziegeln – sein Patent bezog sich tatsächlich auf den »wirtschaftlichen Beton« – erlaubten ihm, zahlreiche Aufträge während des Zweiten Kaiserreichs (1852–1870) zu erhalten. Er verwandte schon vor Monier Stangen und Kabel aus Eisen, aber nicht systematisch (es handelte sich um schwach armierten, in Verschalungen gegossenen Beton). Die unterschied-

14 *L'Ami des sciences* vom 14. Oktober 1855, S. 428, zitiert in dem Coignet gewidmeten biographischen Eintrag auf http://www.charlesfourier.fr/spip.php?article1004#nb15. Er erinnert daran, dass Coignet 1848 von der Bourgeoisie Lyons für einen »revolutionären Anarchisten« angesehen wurde. Aber man sollte berücksichtigen, dass ein Teil der Fourieristen nach 1848 zu einem paternalistischen Reformismus überging, der unter anderem zum »Familistère« in Guise führte.

15 Zitiert in Adrian Forty, »›Concrete? It's Communist!‹ The Rise and Fall of the Utopian Socialist Material«, *The Guardian* vom 27. Februar 2019.

lichen Aspekte seiner Schöpfung, auf die er so stolz war – weniger kostspielige und leicht verfügbare Materialien, die kein großes Fachwissen verlangten –, sollten den Industriellen ebenso gefallen wie den Anhängern des »do-it-yourself« auf der ganzen Welt, die sich nun mit wenig Kosten eine Villa am Meer, eine Hütte in der Wüste oder ein Obdach in einer *favela* »leisten« konnten …

Ab diesem Zeitpunkt jedenfalls sollten die Techniken des Stahlbetons, auch »flüssiger Stein« genannt, die traditionellen Baumethoden verdrängen und das Antlitz der Welt verändern.

Kapitel 2

Die Anhänger und die (seltenen) Gegner des Betons

Der Weg von den Blumentrögen Lambots und Moniers zu den gigantischen Staudämmen aus Stahlbeton vollzog sich nicht von einem Tag auf den anderen.

Ebenso wie die technische Entwicklung des Stahlbetons nur allmählich vorankam, so dauerte es auch in der Folge ungefähr weitere 70 Jahre, bis er zu Beginn der 1950er-Jahre jenen zentralen Platz einnahm, den er bis heute behauptet. Anfangs diente er hauptsächlich dazu, nur Teile des Gebäudes aufzuführen, hauptsächlich das Fundament. Darum ist es auch schwierig zu sagen, welche die »ersten« Bauten aus armiertem Beton waren. Es gibt sogar einen etwas lächerlichen Wettbewerb um diesen Rang. Es scheint, dass in den Vereinigten Staaten der erste Platz einem großen Geschäftsgebäude in San Francisco zukommt, dem Arctic Oil Company Warehouse, 1884 aufgerichtet und 1930 abgerissen. Sein Architekt, Ernest Ransome, baute 1889 in derselben Stadt eine Brücke aus armiertem Beton (die gerade einmal 20 Meter lang war). Andere Quellen erwähnen den privaten Ansitz von William E. Ward, errichtet in der Nähe von New York im Jahr 1874, als das erste zur Gänze aus bewehrtem Beton gebaute Gebäude auf US-amerikanischem Boden. Zu dieser Zeit stand die Feuerfestigkeit des Stahlbetons im Vordergrund (übrigens eine Übertreibung, denn auch wenn der Beton nicht brennt, verformen sich doch die Armierungen unter der Hitze). Aus dem Jahr 1903 datiert das Ingalls Building in Cincinnati, mit seinen sechzehn Stockwerken der erste Wolkenkratzer aus Stahlbeton. Diese Technik war aber nichtsdestoweniger umstritten, denn seine Gegner bezweifelten die Stabilität des Gebäudes.

Ist der Beton proletarisch?

Während der ersten Jahrzehnte seiner Anwendung war Stahlbeton (wenigstens in Frankreich) zum einen für öffentliche Bauten und Arbeiten des Hoch- und Tiefbaus verwandt worden, zum anderen für Wohnbauten für die unteren Klassen, um die sich der Staat während des Zweiten Kaiserreichs zu kümmern begann (die ersten Sozialwohnungen entstanden 1867 an der Avenue Daumesnil in Paris). In den Häusern der Bourgeoisie, wo er hauptsächlich an den unsichtbareren Teilen verwendet wurde, wurde er nur langsam akzeptiert. Der Beton galt wegen der geringen Kosten und seiner Anwendung bei Massenkonstruktionen als »arm«. Den konservativsten Teilen der Bourgeoisie war er lange Zeit hindurch wegen seines »klassenübergreifenden« Charakters verdächtig. Man kann dieses Misstrauen nach zwei Seiten hin interpretieren. Einmal, indem man sagt, ein Teil der Herrschenden habe seine eigenen Interessen immer unzureichend verstanden und sich mehr mit Unveränderlichkeit und einem Vergangenheitskult identifiziert, sehr zur Freude der »Progressisten«, für die sie das abschreckende Beispiel abgaben. Aber andererseits kam gewissen Angehörigen der Bourgeoisie zumindest das Verdienst zu, sich nicht von jeder Neuerung mitreißen zu lassen und einen kleinen Teil der Schönheit, die vor dem Industriekapitalismus von Menschenhand geschaffen worden war, zu verteidigen.

Auf der anderen Seite ließ die Tatsache, dass die Massen mehr und mehr in Betonbauten eingepfercht wurden, bei der Linken die Überzeugung wachsen, dass es mit diesem Material etwas »Proletarisches« und »Fortschrittliches« auf sich haben müsse. Die Hygienebewegung, auf die sich die Befürworter des Betons so oft beriefen und deren Nutznießer die Massen sein sollten, durchdrang gleichermaßen die Ideologien der Linken. Seit den 1920er-Jahren griffen die lokalen sozialdemokratischen Regierungen in Deutschland und den Niederlanden im Rahmen ihrer großen Pläne für öffentliche Bauten auf den Beton zurück.

Bis zum Ende des Zweiten Weltkriegs blieb der Stahlbeton ein Baustoff unter anderen.[16] Auch die Wolkenkratzer waren nicht

16 Der Architekturhistoriker Jacques Fredet unterstreicht, dass Alternativen möglich gewesen wären: »Beachten wir auch, dass der Aufstieg des Stahl-

notwendigerweise auf ihn angewiesen. Das Empire State Building, 1931 errichtet und bis 1972 das höchste Gebäude der Welt, besteht aus einem Metallskelett, das mit verschiedenen Baustoffen ummantelt ist (hauptsächlich Ziegel, Stein und nicht armierter Beton), die es vor Feuer schützen sollen. Es soll auch erwähnt werden, dass die vorstädtischen Einfamilienhäuser der Zwischenkriegszeit, deren Finanzierung in Frankreich durch die Loi Loucheur von 1928 erleichtert wurde – ein Gesetz, das darauf abzielte, den wohlhabenderen Arbeiterschichten Zugang zu Eigentum zu ermöglichen –, hauptsächlich aus Kalkstein bestanden: Die neuen Eigentümer wollten »richtige« Häuser wie die Bourgeoisie.

Der Stahlbeton wälzte die Baukunst nicht von heute auf morgen um. Jacques Fredet erläutert in seinem Buch *Les Maisons de Paris*, dass er zuerst in die traditionellen Bauweisen integriert worden sei, in technischer Hinsicht ebenso wie in arbeitsorganisatorischer; sei es auf der Baustelle selbst oder in der gesamten Abfolge, die mit der Produktion der verschiedenen Bestandteile beginnt. Die wahre »Revolution« fand in Frankreich nach 1945 mit der Industrialisierung der gesamten Branche und mit »monolithischen« Bauten statt, also mit nicht mehr gemischten, sondern ausschließlich aus Beton errichteten. Er bemerkt anlässlich der Pariser Häuser (und diese Einlassung gilt ohne Zweifel für andere Orte gleichermaßen):

> »Die Bautechniken, die zwischen 1850 und 1950 angewandt wurden, unterlagen einer langsamen bruchlosen Entwicklung …; Industrieeisen und später armierter Beton erscheinen nach und nach bei der Errichtung der Wohnbauten, ohne deren Gesamtkonzept anzugreifen, und die Aufteilung des öffentlichen Raums zeigt eine beträchtliche Trägheit im Ver-

betons das Verfahren des mehr oder weniger armierten Mauerns mit Ziegeln, das weitläufig in Großbritannien, Belgien, Deutschland während des letzten Drittels des 19. Jahrhunderts angewandt wurde, verschwinden ließ – wie auch die Arten, Metallgerüste und Mauerwerk zu verbinden, die man als *à la catalane* bezeichnete.« (Jacques Fredet, *Les Maisons de Paris. Types courants de l'architecture mineure parisienne de la fin de l'époque médiévale à nos jours, vol. 1*, L'Encyclopédie des nuisances, Paris 2003, Anm. 68, S. 205).

gleich zu den Veränderungen, die die industrielle Revolution mit sich bringt. Die neuen Materialen werden gleich wie die älteren angewandt, durch simple Ersetzung: Eisen statt Holz, und die Arbeiten mit armiertem Beton werden hauptsächlich an den tragenden Teilen nach einer Logik ausgeführt, die der des Zimmermanns ähnelt. Eisen und Glas erfahren jedoch eine viel schnellere Annahme als der Stahlbeton, was vielleicht den Weltausstellungen geschuldet ist, die sie populär gemacht haben, und der Tatsache, dass die Verwendung von Eisen fast durchgehend mit traditionellem Bauen (behauener Stein, Ziegel) verbunden wird. Die Ausführungen ändern sich wenig, und die Arbeitsorganisation an den aktuellen Baustellen ist der der vorindustriellen Epoche nahe verwandt.«[17]

Unter all den Entwicklungen des Stahlbetons war die Perfektionierung des »Spannbetons« 1928 durch den französischen Ingenieur Eugène Freyssinet die wichtigste. Sie besteht darin, mit Beton ummantelte Stahlkabel zu verwenden, wodurch Spannungen in der Struktur der Bauglieder bei großen Arbeiten mit Beton vermieden werden können, weil der Beton vor der Verwendung gespannt wird. Diese Technik wird vor allem beim Brückenbau angewandt und existiert in zweierlei Form: Vorspannung und Nachspannung (seltener verwandt, da komplizierter). Sie gestattet auch beachtliche Einsparungen durch die Reduzierung der erforderlichen Materialien.

Sehr früh zeigte sich auch der »Imperialismus« des Betons, das heißt die Neigung, aus ihm einen »universellen Baustoff« zu machen. Im Jahr 1906 zog der amerikanische Erfinder Thomas A. Edison, der als der Schöpfer der Glühbirne, aber auch des elektrischen Stuhls gilt, die Serienproduktion von Häusern aus Stahlbeton in Betracht, die Feuer und Erdbeben widerstehen sollten (es war das Jahr des Großen Bebens von San Francisco, das die Öffentlichkeit erschütterte), aber auch Termiten und Rost. Sogar die Möbel, der Eiskasten und das Grammophon sollten aus Beton sein! Er behauptete: »Ich werde den Tag noch erleben, an dem das Haus für einen Arbeiter innerhalb einer Woche aus Beton errichtet werden

17 Jacques Fredet, *Les Maisons de Paris*, op. cit., S. 78 (Übersetzung G. W.).

kann. Wenn ich das erreiche, wird das zum Auszug aller, die es verdienen, aus den Elendsquartieren führen.«[18] Für diese Aussicht annoncierte er, seine patentierte Technologie (er hatte einen regelrechten Patentfimmel) denen gratis zur Verfügung zu stellen, die sich verpflichteten, die Mehrzahl dieser neuen Häuser für Arbeiter freizuhalten und nicht mehr als zehn Prozent Gewinn daraus zu ziehen. Trotz einer so attraktiven Ankündigung wurden nur wenige Häuser dieser Art errichtet, so wie das unvollendete Projekt Cement City aus dem Jahr 1916 in Donora, im Süden von Pittsburgh.

Wir sind es gewohnt, Stahlbeton mit geometrischen Konstruktionen zu assoziieren, mit Funktionalismus, Konstruktivismus, Rationalismus und Architekten wie Le Corbusier, sogar mit »Brutalismus«. Zu Beginn aber zog der Stahlbeton keine größeren ästhetischen Veränderungen nach sich. Das Ward House von 1874 beispielsweise wies ein Stilgemisch von Neogotik und Second Empire auf. In Italien waren die ersten Gebäude aus armiertem Beton Villen im *Stile Liberty* (der italienischen Variante des Jugendstils), wie der Palazzo Bellia in Turin aus dem Jahr 1898. An Ornamenten mangelte es nicht und die Vertreter einer »organischen« Architektur bedienten sich ihrerseits des Betons. Das war der Fall bei Frank Lloyd Wright, der Beton ab 1905 verwandte, zum Beispiel beim Unity Temple in Oak Park, Illinois, der nicht ohne eine gewisse Eleganz ist, aber auch bei Erich Mendelsohn, dem Architekten des gewöhnlich als »expressionistisch« eingestuften Einsteinturms in Potsdam (der teilweise aus Stahlbeton gebaut wurde und sehr bald umfangreicher Reparaturarbeiten bedurfte).

Das Théâtre des Champs-Élysées wurde 1913 von Auguste Perret in einem Stil errichtet, der wenig später Art déco genannt werden sollte. Der Bau ist ganz aus Stahlbeton. Es ist dennoch bezeichnend, dass seine Fassade mit Marmor verkleidet ist. Tatsächlich wurde der Beton lange Zeit hindurch nicht als schön genug angesehen, um zur Schau gestellt zu werden, und er sah sich von »edleren« Materialen oder Ziegeln verdeckt. Perret wurde schließlich gegen Ende seiner sehr langen Laufbahn ein Apostel des »Betons, der für sich

18 Nick Van Mead, »A Brief History of Concrete: From 10,000 BC to 3D Printed Houses«, in: *The Guardian*, 25. Februar 2020.

steht«. »Mein Beton«, schreibt er 1944, »ist schöner als der Stein. Ich bearbeite ihn, ich behandle ihn wie ein Steinmetz (…), ich mache daraus ein Material, das die Schönheiten der wertvollsten Verkleidungen hinter sich lässt.« Aber in der Formensprache blieb er einem gewissen Klassizismus verhaftet, was ihn in den Augen der Bewegung der »Modernisten«, die sich in dieser Epoche in den Vordergrund der Szene schieben sollte, inkonsequent erscheinen ließ.

Ist der Beton avantgardistisch?

Wenn sich auch der völlige Triumph des Stahlbetons erst nach dem Zweiten Weltkrieg abzeichnete, kann man doch bemerken, dass einige der wichtigsten theoretischen Abhandlungen auf diesem Gebiet zwischen 1910 und 1940 erschienen. Ihre Urheber waren hauptsächlich die künstlerischen und architektonischen Avantgarden.

Die italienischen Futuristen können sich – im Guten wie im Schlechten – dessen rühmen, 1909, vor allem unter dem Antrieb Tommaso Filippo Marinettis, das Konzept einer wie eine politische Partei organisierten Avantgarde erfunden zu haben, die sich eine globale Erneuerung des Lebens in all seinen Aspekten vornimmt. Daher auch die Notwendigkeit einer futuristischen Architektur, selbst wenn sie nur Entwurf blieb. Die ambitioniertesten Projekte stammen aus der Hand von Antonio Sant'Elia, der in seinem kurzen Leben – er fiel 1916 im Ersten Weltkrieg im Alter von 28 Jahren – praktisch nichts gebaut hat. Zahlreiche Architekten wie Le Corbusier, Richard Buckminster Fuller und jene der Bewegung »De Stijl«, aber auch Regisseure wie Fritz Lang (Metropolis) und Ridley Scott (Blade Runner) sind von ihm inspiriert. In seinem Manifest *L'architettura futurista* (Futuristische Architektur) aus dem Jahr 1914 setzt er diese mit »der Architektur der Berechnung, des waghalsigen Muts und der Einfachheit, der Architektur des Stahlbetons, des Eisens, des Glases, des Papiermachés und all der Baustoffe, die Holz, Stein und Ziegel zu Gunsten eines Maximums an Elastizität und Leichtigkeit nützlicherweise ersetzen können«,[19] gleich. Das

19 Zitiert nach »L'Architecture futuriste. Maquettes et conclusions du célèbre manifeste de l'architecte Sant'Elia lancé dans le monde entier le 11 juillet 1914«, in: *Rivista d'arte futurista* vom 10. November 1912, 1925 [https://

vorprogrammierte Verfallsdatum der modernen Bauten wird zum positiven Prinzip erhoben. Jedes Gebäude »wird hinfällig und vergänglich sein. Die Dinge dürfen nicht so lang halten wie wir. Jede Generation muss ihre Stadt bauen.« Er sagt vorher, dass schließlich »das futuristische Haus einer gigantischen Maschine ähneln wird.« Und tatsächlich nehmen die wabenförmige Struktur, der Gebrauch von Terrassen und der Verkehr unterhalb der Stockwerke Le Corbusiers Lösungen vorweg.

Ein noch groteskeres Programm findet sich in dem kurzen Manifest *Per una società di protezione delle macchine* (Für eine Gesellschaft zum Schutz der Maschinen; oder der Autos – das italienische Wort *macchina* bedeutet beides), das 1927 von dem futuristischen italienischen Publizisten Fedele Azari (1895–1930) verfasst wurde. Er entrüstet sich über die schlechte Behandlung, die Motoren von unsensiblen oder unfähigen Fahrern zuteil wird, und sagt eine »völlig geometrische, mechanische, künstliche, automatische« Zukunft voraus, ohne Handarbeit, »ohne Armut und daher ohne Klassenkampf«. Er kündigt – mit Enthusiasmus – eine künstliche Intelligenz an, Automobile ohne Lenker, die Ersetzung pflanzlicher und tierischer Nahrung durch »künstliche Ernährung«, das völlige Verschwinden der Tiere, Städte ohne Stein, Ziegel und Stuck, ohne Gärten, Bäume und Tiere, sondern aus »armiertem Beton, aus Stahl und Kristallen«[20] sowie »macchine, macchine, macchine, macchine, macchine«. Er wusste nicht, wie Recht er haben sollte …

In ihrem Drang, die alte Welt zu Boden zu zwingen und dafür eine neue zu errichten, betrachteten die extremsten Avantgardisten den Stahlbeton als ihre ideale Waffe. Man sieht das paradigmatisch beim Maler Kasimir Malewitsch, der 1915 vom Futurismus zum Suprematismus überging und die Grundlagen der Realität in dynamischen geometrischen Formen zu fassen suchte. Niemand verlieh besser als er dem Wunsch Ausdruck, wieder bei Null anzufangen,

monoskop.org/images/6/64/Noi_II-10_12-2_1925.pdf]. Aus dem Französischen übersetzt; im italienischen Originaltext sind es *le case* (die Häuser) und nicht *le cose* (die Dinge), die nicht länger als wir halten dürfen.

20 Der sonderbare Wunsch nach einer Stadt ohne jegliche Bepflanzung findet sich schon bei Baudelaire (»N'importe où hors du monde«, *Le spleen de Paris*, 1869).

auch in der Architektur. Er schlug vor, Leningrad als »amerikanische Stadt« neu zu bauen, um eine »amerikanische Mentalität« zu schaffen. In seinem Pamphlet *Architektur als Schlag ins Gesicht von Stahlbeton*[21] vom April 1918, also kurz nach der Oktoberrevolution, greift er den damals noch in Bau befindlichen Kasaner Bahnhof in Moskau an, dessen »neorussischer« und Art-Nouveau-Stil seiner Ansicht nach eine »Ohrfeige« für den Stahlbeton sei, da man diesen nicht anwandte. Malewitsch stellt diesen Baustoff als die Quintessenz der Moderne vor, deren Anhänger die Futuristen sein wollen, denn »unser Jahrhundert ist das des Stahlbetons«. Und so schreibt er, dass »jedes Jahrhundert schneller rennt als das vorhergehende Jahrhundert, eine größere Last trägt, sich Wege aus Stahlbeton schafft« und dass »der Futurismus die neuen Landschaften des schnellen Wechsels der Dinge für die aktuelle Epoche vorskizziert hat, er hat auf seinen Bildern die ganze Dynamik des Lebens des Stahlbetons ausgedrückt.«

Nach 1918 gab Malewitsch für etwa ein Jahrzehnt die Malerei tatsächlich auf, um sich der Umsetzung des Suprematismus, der für ihn keine bloße Malereischule, sondern auch eine Philosophie war, auf anderen Gebieten zu widmen, darunter der Architektur. In seinen Entwürfen und Modellen führt schließlich die extreme Geometrisierung zur Verwandlung in eine traumhafte und fantastische Dimension, die nicht eines gewissen Charmes entbehrt. Seine Projekte wurden nie ausgeführt, ebenso wenig wie die architektonischen und städtebaulichen Vorschläge, die sein Schüler El Lissitzky daraus gewonnen hatte (die »Proun«, Grundelemente, die in allen Größenordnungen reproduzierbar waren).

Die russischen Konstruktivisten wie Tatlin, Rodtschenko und El Lissitzky – die von Malewitsch beeinflusst waren, selbst wenn sie mit ihm konkurrierten – erarbeiteten eine industrielle Ästhetik mit der Begründung, die Fabrik sei die »Wohnung des Proletariats«. Jede Form der Dekoration, jede Verzierung, ja selbst jede Befassung mit Schönheit galt als ein »Luxus der Reichen«, ein Überfluss nur für die wohlhabenden Klassen, während eine »demokratische« oder »sozialistische« Architektur, die allen das Wesentliche – vier Wände

21 Französisch in: Kazimir Malevitch, *Écrits*, Éditions Ivrea, 1996, S. 299–305

und ein Dach – zur Verfügung stellte, sich der vorhandenen Mitteln bedienen und dabei von aller Ästhetik absehen müsse. Oder aber, und das war die große Aufgabe, die sich die Konstruktivisten im Osten wie im Westen stellten, man propagierte eine neue Ästhetik, »modern« oder »proletarisch«, je nach politischer Orientierung, eine »Maschinenästhetik«, die darauf abzielte, den öffentlichen Geschmack umzuerziehen und zur Akzeptanz der neuen technischen Elemente zu führen, wie der Stahlskelette der Gebäude und ihrer Baustoffe – Beton, Glas, Plexiglas, Stahl –, wie auch »neuer« Formen von Schönheit, an der ihre »Reinheit« und das Fehlen von »Überflüssigem« gelobt wurde. Das 1919 von Wladimir Tatlin entworfene Denkmal für die Dritte Internationale war (oder besser gesagt: wäre gewesen) das beste Beispiel: Es hätte aus Metall (Kabeln und Profilen) gebaut werden sollen.

Das Auslöschen architektonischer Diversität und die globale Uniformierung wurden seinerzeit »Internationaler Stil« genannt. Dieser fiel im Wesentlichen mit dem Funktionalismus zusammen, dessen Anfänge auf den 1908 veröffentlichten Vortrag *Ornament und Verbrechen* des Österreichers Adolf Loos zurückgehen. Der Internationale Stil (dessen erste Phase auch unter dem Namen »Mouvement Moderne« bekannt wurde) entwickelte sich in der Zwischenkriegszeit, hauptsächlich in der Bauhaus-Schule und unter dem Einfluss von Le Corbusier. Er monopolisierte praktisch die Welt der Architektur zwischen dem Ende des Zweiten Weltkriegs und den 1970er-Jahren und bestimmte das architektonische Gesicht der fordistisch-keynesianistischen Gesellschaft des »Wirtschaftswunders«. Wie schon sein Name andeutet, wollte der Internationale Stil (der Name wurde 1933 von Philipp Johnson[22] geprägt) lokale und nationale Grenzen überschreiten und überall derselbe sein. Dieses Projekt der Uniformierung hatte zu einer Zeit, als der Nationalismus selbst in den Künsten widerhallte und man dachte, dass die Kunst eines »Volks« seine »Seele« widerspiegelte, etwas für sich. So stellten die expressionistischen Maler der »Brü-

22 Es sei daran erinnert, dass dieser Stil, der geographische und kulturelle Zwänge sowie nationale Grenzen überwinden wollte, seinen Namen von einem glühenden Bewunderer Hitlers bekam.

cke« wie Emil Nolde die »Tiefe« ihrer »deutschen Kunst« gegen die »Oberflächlichkeit« des französischen Impressionismus; die französischen Künstler wiederum unterstrichen die Überlegenheit ihres »Klassizismus«, der sich auf Harmonie und Gleichgewicht stützte. Die deutschen (Bauhaus), holländischen (De Stijl) und russischen Konstruktivisten wünschten dagegen, eine Kunst der internationalen Zusammenarbeit und des geschwisterlichen Geists zu begründen. Man sprach damals von einer »Geometrischen Internationale« – unter Berufung darauf, dass es nichts Universelleres als die Geometrie gäbe. Aber hier wie anderswo trugen die emanzipatorischen Bestrebungen der Avantgarden am Ende nur zur Modernisierung des Kapitalismus bei. Ob dieser Wurm von Anbeginn an der Frucht nagte, wäre ein Thema für weitere Untersuchungen …

Der Beton hatte auch Anhänger, die man nicht erwartet hätte. In den sogenannten anthroposophischen oder auch Rudolf-Steiner-Schulen gibt es keine Spielsachen aus Plastik, sondern nur aus Holz. Die Anthroposophie – eine zu Beginn des zwanzigsten Jahrhunderts entstandene Pseudo-Mystik, die noch heute viele Anhänger hat – beruht auf einem Kult der Natur. Und doch ließ ihr Gründer, Rudolf Steiner, den Tempel der Anthroposophie, das Goetheanäum (in Dornach in der Schweiz 1925–1928 errichtet) aus Stahlbeton bauen. Dieses Gebäude wird sogar als eine Pioniertat auf Grund einiger technischer Lösungen angesehen, die für seine Errichtung angewandt wurden. Der Beton sollte eine Harmonie mit den umgebenden Bergen schaffen! Die Architektur der Steinerschulen (mehr als tausend auf der ganzen Welt) übernimmt im Allgemeinen diese sonderbare Mischung aus »organischen« Formen (keine rechten Winkel) und Stahlbeton.

Ernst May (1886–1970) war der Urheber einer wahren Orgie von Sozialbauten aus Beton und Ziegeln. Dieser deutsche, dem Bauhaus nahestehende Architekt organisierte zwischen 1925 und 1930 in Frankfurt am Main, unter Anleitung der sozialdemokratischen Stadtverwaltung, den Bau von 25 000 Volkswohnungen nach dem Prinzip des »Existenzminimums«, was mehr oder weniger dem entsprach, das die Situationisten einige Jahrzehnte später »survie augmentée« (verbessertes Überleben) nennen sollten. Man konnte dort eine der ersten Formen von »Einbauküchen« vorfinden, die die kommunistische Architektin Margarete Schütte-Lihotzky nach dem Vorbild der Küchen in Speisewagen entwickelt hatte.[23] Sie strebte eine wahre Taylorisierung – eine extreme Mechanisierung und Standardisierung, abgeschaut von der Fabrik – der Haushaltsarbeiten an, wie sie schon seit einigen Jahrzehnten in den Vereinigten Staaten ausprobiert wurde und die vom Prinzip ausging, dass Kochen eine Arbeit wie jede andere sei und daher industrialisiert werden könne. Es ging also darum, dieses Modell in Zukunft in großem Maßstab zu reproduzieren: »Das kollektive subventionierte Wohnen schafft ein ideales Experimentierfeld, wie etwa die Mechanisierung der Haushaltsarbeiten sich in eine Reduktion der Flächen im Vergleich zu den Standards der bürgerlichen Wohnung übersetzt, ein Modell, dem die große Mehrheit der Leute noch immer anhängt. Ein bisschen lokale Farbgebung erlaubt es, diese Raumordnungen und Hauhaltseinrichtungen an die jeweilige eingeborene Bevölkerung anzupassen.«[24] Natürlich versäumte Le Corbusier es nicht, ein ähnliches System in seinen »Wohnmaschinen« anzuwenden. Diese von Frauen selbst unternommenen Reformen waren eine wegweisende Mischung aus Feminismus (Befreiung der Frauen von häuslicher Tätigkeit) und dem Wunsch, Frauen den Zugang zum Arbeitsmarkt zu »ermöglichen«. Es lässt sich hier ein durch und durch typischer Zug der Moderne bemerken: Anstatt die sozialen Gegebenheiten, wie die Verteilung der häuslichen Aufgaben oder die Kleinheit der den Arbeiterfamilien zugewiesenen Räume, zur Diskussion zu stellen, setzt man nur auf eine rein technische Verbesserung der Situation.

Der Erfolg war groß. May wurde 1930 in die Sowjetunion eingeladen und überwachte dort die Errichtung ganzer Industriestädte, oft irgendwo im Niemandsland, die anderthalb Millionen vorgefertigte Wohnungen bereitstellen sollten. Aber 1933 verließ er

23 So wie auch Le Corbusier sich auf etwas »aristokratischere« Art von den »Passagierdampfern, wo der winzige und rationalisierte Raum der Kabinen mit dem Gepränge der Salons und Decks sich zusammenfindet«, hat inspirieren lassen (Olivier Barancy, *Misère de l'espace moderne. La production de Le Corbusier et ses conséquences*, Agone, Marseille 2017, S. 56, Übersetzung G. W.).

24 Jacques Fredet, *Les Maisons de Paris*, op. cit., S. 137 (Übersetzung G. W.).

das Land und aus verschiedenen Gründen wurde nur eine kleine Zahl dieser Wohnungen tatsächlich errichtet.

Ist der Beton faschistisch?

Der Stahlbeton hat seine marginalisierte, manchmal beinahe verdächtige Stellung mit dem Rationalismus und Funktionalismus der 1920er-Jahre überwunden, vor allem dank des Schweizer Architekten Charles-Édouard Jeanneret-Gris, genannt Le Corbusier. Die Liste der Untaten dieses sinistren Individuums ist denen, die Augen haben, um zu sehen, wohl bekannt. Seine fanatischsten Bewunderer allerdings lassen sich durch kein Argument überzeugen. Er war Schüler von Auguste Perret, der mit dem Stahlbeton begonnen hatte, und blieb diesem Werkstoff treu – bis hin zu den Schränken der Wohnungen. Er übernahm daneben auch viele Ideen von Adolf Loos und den russischen Konstruktivisten, die von einer »Stadtmaschine« träumten, entkleidete diese aber jedes authentisch »utopischen« Aspekts. Hätte man ihn gewähren lassen, so hätte er das historische Zentrum von Paris dem Erdboden gleichgemacht, um Platz für eine Reihe von Wolkenkratzern zu schaffen (wie es der »Plan Voisin« vorsah, den er 1925 vorstellte). Andere Städte wie Marseille hätten ein ähnliches Schicksal erfahren. Straßen wären abgeschafft und damit jede Begegnung verhindert worden; die Städte selbst wären rein autogerecht gebaut worden.[25] So schloss Le

25 Im Vorwort zu seinem Jugendwerk *Städtebau* (*Urbanisme*, 1925) erwähnt Le Corbusier angesichts des Autoverkehrs auf den Champs Elysées die Befürchtung, überfahren zu werden, während er versucht, dort spazieren zu gehen: »Man geht von zu Hause fort, man tritt aus der Tür, und schon ist man ohne Übergang im Rachen des Todes: die Autos rasen vorbei. (…) Merken wir uns im Vorübergehen, daß man schon seit manchem Jahr die Freude am Leben vergessen hat (die brave uralte Freude, gemütlich ein Bein vor das andere zu setzen); man hat die Haltung des gehetzten Tieres angenommen, in einem täglichen ›Rette sich, wer kann‹.« Man kann es nicht besser ausdrücken! Er erinnert sich dann an seine Jugend, zwanzig Jahre früher, als die Straße ihm und seinen Freunden gehörte, die da sangen und diskutierten, und »sanft rollte der Pferdeomnibus daher« (Le Corbusier, *Städtebau*, DVA, München 2015, S. IX). Seine Reaktion darauf aber zeigt, was man in der Psychologie als »Identifikation mit dem Aggressor« bezeichnet: Wenn die Autos die Stär-

Corbusier gleichermaßen jede Art von Revolution aus. »Baukunst oder Revolution. Die Revolution läßt sich vermeiden«, merkte er am Schluss seines ersten Buchs *Vers une Architecture* an.[26] Laut der »Charta von Athen« sollten selbst die Entfernungen zwischen den Kreuzungen vergrößert werden, damit die Autos zwischen ihnen auf Hochtouren kommen können. Die zum Großteil von Le Corbusier redigierte Charta von Athen fasste die grundlegenden Prinzipien des Vierten Internationalen Kongresses Moderner Architektur von 1933 zusammen, hauptsächlich die vier Funktionen (Leben, Arbeit, Freizeit, Verkehrsinfrastruktur) entsprechende »Zonierung«.

> »Die Distanzen zwischen den Straßenkreuzungen sind zu schwach. (...) Nachdem sie zu ihrem Regime gefunden haben, unterliegen die mechanischen Fahrzeuge der Notwendigkeit von Start und gradueller Beschleunigung. Der Bremsvorgang darf nicht brutal einsetzen und keine Verletzung ihrer organischen Prinzipien verursachen. Man muss also für eine vernünftige Länge zwischen dem Startpunkt und dem Punkt sorgen, an dem der Bremsvorgang notwendig wird. (...) Die aktuellen Kreuzungen mit einem Abstand von hundert, fünfzig, zwanzig oder gar zehn Metern von einer zur anderen sind der guten Fahrt der mechanischen Fahrzeuge nicht angemessen. Abstände von zweihundert oder vierhundert Metern sollten sie trennen.«[27]

Was uns zur oben erwähnten *Gesellschaft zum Schutz der Maschinen* zurückführt ... Es ist nicht notwendig, sich in Details zu vertiefen: Wenn Le Corbusier selbst seine Wohnungen als »Wohnmaschinen« oder »Wohnzellen« definiert, wo der für eine Person notwendige Raum mit vierzehn Quadratmetern fixiert ist, könnte selbst die hef-

keren sind, muss man sich auf ihre Seite schlagen und die Straßen selbst abschaffen. Le Corbusier wollte also auch die anderen überrollen, um »Glied dieser Gesellschaft« zu werden, »deren Morgen dämmert« (ibid.).

26 Le Corbusier, *Ausblick auf eine Architektur* (*Vers uns architecture*, 1923), Ullstein, Berlin 1963, S. 215.

27 Charta von Athen, Paris, 1941, Punkt 54, zitiert bei Jacques Fredet, *Les Maisons de Paris*, op. cit, Kapitel VI, Anmerkung 17 (Übersetzung G. W.).

tigste Kritik kein schlagenderes Argument finden! Sein »Modulor«, ein Berechnungsparameter, der auf dem menschlichen Körper fußt, wird dafür gerühmt, den Gebäuden »menschliche Proportionen«, um nicht zu sagen: »humanistische«, gegeben zu haben. Es ist nicht schwierig zu sehen, dass es sich um eine simple Ergometrie handelt, das heißt um eine Methode, bis ins Kleinste die »nützlichen« Fähigkeiten der Menschen auszumessen. Sie stellt eine Verlängerung »des wissenschaftlichen Managements des Arbeitsprozesses« dar, wie es Ende des neunzehnten Jahrhunderts vom Ingenieur Frederick Taylor erfunden und in den Fabriken Henry Fords angewandt wurde, der 1913 das Fließband einführte. Le Corbusier machte auch kein Geheimnis aus seiner Bewunderung des Taylorismus.

Wenn man sich darauf beschränkte, die Beschreibungen zu lesen und an die proklamierten guten Absichten zu glauben, wäre alles in Ordnung mit dem Modernismus, mit Le Corbusier und selbst dem Brutalismus: eine Architektur für alle, entsprechend den Anforderungen der Bewohner modulierbar; Sonne und Licht überall (unter den Zehn Geboten Le Corbusiers steht die Sonne an erster Stelle); Gärten auf den Dächern und viele Pflanzen; Nähe von Wohn- und Arbeitsort; viele Grünflächen zwischen den Häusern; Abwechslungen der Kubuselemente, aus denen jedes Gebäude besteht (Lego-Modell) … Aber diese Organisierung des Glücks stellt sich als ebenso unsinnig heraus wie Leute zum Feiern anzuhalten, zum Genießen der Natur oder zur Liebe, indem man ihnen genau vorschreibt, wie sie dabei vorzugehen hätten – das ist nichts als Glücksplanung durch »Seeleningenieure«. Der Funktionalismus betrachtete Funktionen und Bedürfnisse als »biologisch« – physiologisch und immer gültig –, die in Wahrheit sozial und dem Kapitalismus zuzurechnen sind: in erster Linie die Arbeit. Le Corbusier setzt es als selbstverständlich voraus, dass die Stadt der Arbeit diene, die ihrerseits das Alpha und das Omega des gesellschaftlichen Lebens sei. Ihre Straßen sind wie »Fabriken« eingerichtet. Natürliche Umgebung ist auf den Begriff der »Grünfläche« reduziert; die Pfeiler der Gebäude halten vom Boden fern und entfernen von der Natur. Entgegen den Ankündigungen Le Corbusiers treten Natur und Architektur in Konkurrenz zueinander, um nicht zu sagen: in kriegerische Auseinandersetzung. Der bewehrte Beton stellt dabei die ideale Waffe dar; er ist das am wenigsten »natürliche« Baumaterial. Eines der Hauptmerkmale dieser Architektur, der Garten auf dem Dach, ist eine verkehrte Welt und lässt den Hors-sol-Anbau oder die »grünen« Wolkenkratzer erahnen.

Die Ästheten mögen sich an der Villa Savoye in Poissy oder an der Kapelle Notre Dame du Haut in Ronchamps begeistern, doch diese Bauten waren entweder für die Reichsten oder für die Kirche. Für gewöhnliche Sterbliche gab es nur die gefängnisartige Architektur der »Cités radieuses«, in denen bald Vernachlässigung und Elend herrschten. Aber die furchtbarste Wahrheit über seine Architektur findet sich wohl in den Resten des »Kapitol-Komplexes« von Chandigarh, der Hauptstadt des indischen Teils des Punjab, heute von einer unwahrscheinlichen Hässlichkeit.[28] Sie beweist auch die Absurdität einer für die ganze Welt identischen Architektur: Das tropische Klima besiegte schnell den Beton. Le Corbusier legte, nach seinen eigenen Worten, »ein einziges Haus für alle Länder, alle Klimate« vor: »das Haus mit mechanisch angepasster Ventilation (respiration exacte)«.[29]

Im vorgerückten Alter ließ er sich aus vorgefertigten Holzteilen eine Art Wochenendhaus in Roquebrune-Cap-Martin an der Côte d'Azur bauen, das sich ein wenig von den Wohnzellen für den Rest der Bevölkerung abhebt. Wenn man daran denkt, dass sich Henry Ford, nachdem er die Welt mit Automobilen überschwemmt hatte, auf einen Berg zurückzog, könnte man fast glauben, dass gewisse Individuen die Schrecken der Gesellschaft, in der sie leben, durchaus wahr nehmen; aber da sie glauben, sie unmöglich vermeiden zu können, ziehen sie es vor, davon zu profitieren, um sich die Mittel zu ermöglichen, diesen Schrecknissen individuell auszuweichen.

Man kennt mittlerweile die Details der Kollaboration Le Corbusiers mit den französischen faschistischen Bewegungen Faisceau

28 Eine Fotoausstellung, die den Zustand des Verfalls von Chandigarh zeigte, gab vor langer Zeit einen der ersten Anstöße für dieses Buch. Ein anderer Auslöser war der Besuch der Fondation Suisse in der Cité Universitaire in Paris, 1933 von Le Corbusier errichtet und so einladend wie ein Eiskasten.

29 Zitiert nach Olivier Barancy, *Misère de l'espace moderne*, op. cit., S. 63 (Übersetzung G. W.).

und Redressement National Français (inspiriert von Georges Sorel und Mussolinis Korporatismus) in den 1920er-Jahren, obwohl selbst Opportunismus diese Wahl nicht rechtfertigen könnte, weil diese Parteien winzig waren; man kennt seine Teilnahme am rechtsextremen Sturm auf das Parlament in Paris 1934, seine antisemitischen Anmerkungen und Karikaturen, seine zur Schau gestellte Bewunderung für Mussolini und seine Sympathien für Hitler (zumindest in einem Brief an seine Mutter), seine Intrigen in Vichy, um Architekt am Hof Pétains zu werden, seine Besessenheit von jeder Art von Ordnung und Autorität, sein Eintreten für Eugenik (er wünschte sich »Kinderzucht« und pries »natürliche Hierarchien«), seine biologistische Sicht auf den Menschen, seine Verachtung des »Volks«, das sich von einer technokratischen Elite anleiten lassen müsse.[30]

Es gibt offensichtlich Ähnlichkeiten zwischen den »Fällen« Heidegger und Le Corbusier.[31] Aber es genügt nicht, zu beklagen, dass ein »großer Denker« wie Heidegger sich in den Nazismus verirrt habe (dazu häufen sich immer belastendere Beweise), und gleichzeitig zu behaupten, dass er ein Philosoph ersten Ranges gewesen sei. Man muss vielmehr zugeben, dass seine Philosophie im Wesentlichen ein Bluff war und kein großes Interesse verdiente, selbst wenn er kein Nazi gewesen wäre. Dieselbe Argumentation gilt für Le Corbusier: Selbst wenn er nicht den ersten französischen Faschisten nahegestanden und nicht vor Pétain gekrochen wäre, at-

30 Siehe Xavier de Jarcy, *Le Corbusier. Un fascisme français*, Albin Michel, Paris 2015, und Marc Perelman, *Le Corbusier. Une froide vision du monde*, Michalon, Paris 2015. Die blinden Anhänger Le Corbusiers haben sich anlässlich des Erscheinens dieser Bücher sehr erregt und massives Geschütz aufgefahren, vor allem weil sie befürchteten, dass das Licht, das auf die dunklen Seiten ihres Idols gefallen war, der Aufnahme seiner Werke in die Liste des Weltkulturerbes (was dann trotz alledem geschehen ist) schaden könnte. Siehe auch Xavier de Jarcy et Marc Perelman (Hg.), *Le Corbusier. Zones d'ombre*, Non Standard, Paris 2018. Die ersten Enthüllungen, die sich mit seinen faschistischen Sympathien beschäftigen, gab es schon in den 1980er-Jahren, hauptsächlich in der englischsprachigen Welt, aber ohne Nachwirkungen in Frankreich.

31 Wie es beispielsweise Emmanuel Faye in seinem Vorwort zum Sammelband *Le Corbusier. Zones d'ombre*, op. cit. unterstreicht.

meten seine Gebäude doch den Totalitarismus, die Eugenik, das Social Engineering, die gesellschaftliche Segregation und die Zerstörungswut, die die faschistischen Programme ausmachen.[32]

Der Fall Le Corbusier ist in Wirklichkeit noch schlimmer als der Heideggers, weil die meisten Menschen nie von Heidegger gehört haben (mit Ausnahme der Akademiker). Und es hätte an ihrem Leben absolut gar nichts geändert, hätte es seine Werke nie gegeben. Dagegen ist es wiederum selten, dass ein Bewohner einer Großstadt nicht täglich an einem Gebäude vorbeikommt, das, wenn nicht von Le Corbusier persönlich, so doch von einem seiner zahlreichen Schüler gebaut wurde. Es sollte daran erinnert werden, dass die Architektur unter allen »Künsten« bei Weitem den stärksten Einfluss auf das alltägliche Leben der Einzelnen hat – im Gegensatz zu einem Buch kann man sie nicht zuklappen, im Gegensatz zu einem Bild kann man nicht davon absehen, sie zu betrachten, im Gegensatz zur Musik kann man sie nicht leiser stellen oder ganz abdrehen, im Gegensatz zu einer Zeitung kann man sie nicht wegwerfen. Auch die Mode der Bekleidung und das Design der Gebrauchsgegenstände sind ihrerseits sehr präsent im Alltag, aber man kann sie bis zu einem gewissen Punkt selbst wählen. Am Beginn seines Vortrags »Funktionalismus heute« zitierte Theodor W. Adorno 1965 die Behauptung von Adolf Loos, »ein Kunstwerk habe niemandem zu gefallen, das Haus aber sei einem jeden verantwortlich«.[33] Die Architektur wird fast immer erlitten, darin liegt die gesellschaftliche Verantwortung des Architekten. Es wäre unnütz, die »wahrhaften« Schöpfungen Le Corbusiers den schlech-

32 Dieser Ansatz wird im Buch von d'Olivier Barancy, *Misère de l'espace moderne*, op. cit., breit ausgeführt.

33 Siehe: »Funktionalismus heute«, in *Ohne Leitbild. Parva aesthetica* [1967], in *Gesammelte Schriften.* Band 10/1. Suhrkamp, Frankfurt am Main 2003, S. 375. Adornos Vortrag fasst recht anschaulich den paradoxen und zweideutigen Charakter des Funktionalismus unter den Voraussetzungen kapitalistischer Logik zusammen. Doch man bemerkt gleichermaßen, dass auch für Adorno der technologische Fortschritt das Fundament für jede soziale Emanzipation darstellt. Siehe auch: Adolf Loos, *Sämtliche Schriften in zwei Bänden*, hrsg. von Franz Glück, Bd. I, Wien, München 1962, S. 314f.: »Das haus hat allen zu gefallen. Zum unterschiede vom kunstwerk, das niemandem zu gefallen hat.«

ten Nachahmungen gegenüberzustellen, die von seiner Schule begangen wurden; sie basieren immer auf denselben Grundlagen und noch der monströseste brutalistische Wohnturm der Peripherie unterscheidet sich nicht wirklich von der Strahlenden Stadt. Der Essayist Roger-Pol Droit fasst das Problem so zusammen:

> »Sein großes Ziel: ›eine kräftige und schöne, gesunde Rasse schaffen‹, wie er 1937 schreibt. Seine Obsession: ›die großen Städte in Ordnung bringen‹, die Aufrichtung einer männlichen, hygienischen, vernünftigen, geordneten Gesellschaft. Sein Rat: ›Ordnet die städtischen Bevölkerungen, sortiert sie, weist die ab, die in der Stadt nutzlos sind.‹ Überall findet sich derselbe Wunsch: geometrische Regelmäßigkeit, Hygiene, Reinheit und, wo nötig, Säuberung. (…) Es wird in diesem Werk alles ausgelöscht, das die faschistische Politik und den modernistischen Urbanismus verbindet. Der Kult des rechten Winkels, der Hass auf die Kurve und die Unordnung, die Ablehnung der Ablagerungen von Zufall und Geschichte, der übersteigerte Gefallen an Serienproduktion und Standardisierung bilden dabei eine vorgeformte Ideologie. Die Stadt soll eine Maschine zur Produktion des neuen Menschen werden, die manipuliert und vierundzwanzig Stunden am Tag überwacht werden. Unter diesem Gesichtspunkt ist die gepriesene ›Wohneinheit angemessener Größe‹ nur ein Betonkäfig, dazu bestimmt, den Menschen zu formatieren. Das ist sehr weit weg von den Freiheiten und Menschenrechten. Und sehr nahe am mussolinischen Traum. Wenn man zugesteht, dass Formen Ideen transportieren, ist diese Architektur Faschismus aus Stahlbeton. Anstatt noch immer Hymnen auf seine innovativen Visionen und seine avantgardistische Modernität anzustimmen, wäre es besser, sich zu informieren und daran zu erfreuen, dass ein derartiges Projekt letztlich gescheitert ist. Was es zu betrachten gilt, das sind die strahlenden Gefängnisse, denen wir entkommen sind.«[34]

34 Roger-Pol Droit, »Le Corbusier, un fascisme en béton«, In: *Les Échos*, 23. April 2015.

Wenn die Schwärmerei einiger »linker« Denker für Heidegger – vor allem in den 1980er- und 1990er-Jahren, die in gewissen Milieus bis heute anhält – verwundern mag (oder auch nicht), ist es noch verblüffender, dass die Linke während langer Zeit aus Le Corbusier einen ihrer Heroen machte und in seiner Architektur und vor allem in seinen Prinzipien eine Art fortschrittlichen »neuen Humanismus« sehen wollte. Der italienische Kunsthistoriker Giulio Carlo Argan (1909–1992), Sympathisant der kommunistischen Partei und Bürgermeister Roms in den 1970er-Jahren, ist ein gutes Beispiel dafür.[35] Sein Handbuch der Kunstgeschichte mit dem Titel *L'Arte moderna 1770–1970*,[36] lange Zeit Referenzwerk für Progressisten in Italien, quillt von Lobliedern auf Le Corbusier über, der einer der seltenen Urbanisten gewesen sein soll, »die sich ihrer Verantwortung, ihrer Würde als Fachleute und Architekten« bewusst waren und nicht der Bodenspekulation dienten, sondern im Stande waren, »ihre Untersuchungen frei zu führen und ästhetisch überzeugende Resultate zu liefern«. Und er legt nach:

> »Wie Picasso, als dessen Äquivalent auf dem Gebiet der Architektur man Le Corbusier betrachten könnte, ist er nicht nur ein großartiger Künstler gewesen, sondern auch ein wunderbarer Agitator für die Kultur, eine nie versiegende Quelle an Ideen, ein Leuchtturm. Theoretiker, kämpferischer und brillanter Polemiker, unermüdlicher Propagandist, Schöpfer eines Werks als Architekt und als Schriftsteller (der einen nicht zu vernachlässigenden Platz in der kritischen Literatur unserer Zeit hat), hat er aus dem Problem des Urbanismus und der Architektur eines der wichtigsten kulturellen Anliegen unseres Jahrhunderts gemacht. (…) Wie Picasso hat Le Corbusier wiederholt seinen Stil gewechselt. Stets konsequent, hat sein

35 Siehe dazu den lobenden Eintrag, der ihm im *Dictionnaire biographique du mouvement ouvrier et social* (https://maitron.fr/spip.php?article75011) gewidmet ist. Er wurde von Anatole Kopp, Autor von *Ville et Révolution. Architecture et urbanisme soviétiques des années vingt*, Anthropos, Paris 1967 verfasst.

36 Giulio Carlo Argan, *L'Arte Moderna 1770–1970. L'Arte oltre il Duemila*, Sansoni, Firenze 1970, S. 323–329.

Verhalten immer eine Form von Politik im erhabensten Sinn des Worts bezeugt: eine ehrgeizige, aufgeklärte, großzügige Politik zu Gunsten des Urbanismus und der Architektur.«

Das Stadtleben fließt nicht mehr durch »die erstickenden Eingeweide der Straßen«; es gelingt Le Corbusier, »mit seinen Wohneinheiten die Forderungen der persönlichen Intimität mit jenen des ›Zusammenlebens‹, der Gemeinschaft zu verbinden.« Argan zufolge war er »ein großer Wohltäter der Menschheit«. Da macht es nichts, dass diese »großartige Figur«, die sich »ihrer historischen Mission« mit einem »scharfsichtigen und mutigen Engagement« gewidmet hat, »das zu bewundern nur böswillige Geister sich weigern könnten«, ein bisschen zu gleichgültig gegenüber den sozialen Kämpfen seiner Zeit war, folgt man dem italienischen Kunsthistoriker. Wer braucht bei solchen Kommunisten noch Reaktionäre? Es war übrigens der kommunistische Minister für Stadtentwicklung und Wiederaufbau in Frankreich, François Billoux, der ihn 1946 mit dem Bau der Strahlenden Stadt in Marseille beauftragte. Um Kritiken seines Werks und seiner urbanistischen Projekte zu finden, muss man eher bei Konservativen suchen.[37]

Der quasi einstimmige Enthusiasmus für Le Corbusier, der bei den Linken wie bei den Rechten fortdauert, bei den Fachleuten wie bei dem breiten Publikum, würde angesichts der nunmehr zugänglichen Dokumente über seine politische Laufbahn und der Offenkundigkeit des Scheiterns seiner Bauten wie der Strahlenden Stadt eine eingehende Studie verdienen. Aber dem schlauen franko-schweizerischen Architekt gelang es, als Quintessenz der Moderne anerkannt zu werden. Am Ende des Kriegs waren eigentlich alle Voraussetzungen dafür gegeben, als Kollaborateur des Vichy-Regimes verurteilt zu werden. Aber das Gegenteil war der Fall: Le Corbusier konnte damit beginnen, Frankreich nach seinen Vorstellungen neu zu gestalten. Die Industrialisierung der Bauwerke und die Serienfertigung standardisierter Elemente waren bald in vollem Gang.

37 Zum Beispiel Aurélien Jouhanneau, »Quand Le Corbusier voulait détruire Paris« (Als Le Corbusier Paris zerstören wollte) in: *Le Figaro*, 3. Juli 2015.

Ist der Stahlbeton stalinistisch?

Le Corbusier hatte eine gewisse Vorliebe für die faschistische Version des Totalitarismus, aber er vermochte seine Dienste auch der stalinistischen Variante anzutragen. 1929 besuchte er die Sowjetunion und erbaute das Bürogebäude des Zentralverbands der Konsumgenossenschaften (Zentrosojus), das Hannes Meyer, Direktor des Bauhaus, eine »Orgie aus Glas und Beton« nannte. 1932 legte er beim Wettbewerb zum Palast der Sowjets ein grandioses Projekt vor, war aber enttäuscht, weil Stalin ein neoklassisches Projekt bevorzugte, das jedoch nie fertiggestellt wurde. Auf jeden Fall litt die Sowjetunion in den 1930er-Jahren[38] unter einem starken Mangel an Stahl und im Krieg ging man dann so weit, den Palast der Sowjets, der zum Teil schon gebaut war, wieder abzureißen, um an den für militärische Zwecke benötigten Stahl zu gelangen. Der Stahlbeton konnte also nicht in großem Maß in Bauwerken verwandt werden. Selbst der zu trauriger Berühmtheit gekommene Weißmeer-Ostsee-Kanal, dessen Bau zwischen 1931 und 1933 zehntausende sowjetische Gefangenen das Leben kostete, enthielt praktisch weder Beton noch Stahl.

Die umfangreiche Einführung des Stahlbetons in der Sowjetunion sollte aber die Karte werden, auf die Chruschtschow erfolgreich setzte. Bevor er zum Nachfolger von »Väterchen Stalin« wurde, hatte Chruschtschow, auch um sich einen nicht allzu gefährlichen Platz am Hof Stalins zu sichern, 1950 als Erster Sekretär der Moskauer Parteiorganisation ein weitgreifendes Wohnbauprogramm in der Hauptstadt in Angriff genommen. Immer nach demselben Plan entworfen, bestanden die Wohnbauten aus fünfstöckigen Häusern ohne Aufzug (um zu sparen). Der Gebrauch vorgefertigter Teile aus Stahlbeton erlaubte es, das Tempo der Produktion zu verdreifachen. In der Folge wurde bis in die 1970er-Jahre, und manchmal noch länger, eine bedeutende Anzahl von Wohnungen in der gesamten UdSSR errichtet. Die Bürger der Sowjetunion sollten das offensichtlich als Fortschritt ansehen. Es stimmt, dass diese Wohnungen

38 Der Stahl stand im Zentrum der stalinistischen Vorstellungswelt. Einer der Referenzromane des »Sozialistischen Realismus« war *Wie der Stahl gehärtet wurde* von Nikolai Ostrowski (1932).

alle über ein Bad verfügten und für eine Familie allein konzipiert waren, während früher mehrere Familien sich in aufgeteilten großen Bürgerwohnungen zusammenpferchten und Küche und Bad teilten. Aber auf Grund ihrer geringen Qualität und ihrer Kleinheit rächten sich die undankbaren Benutzer, indem sie sie Chruschtschowa nannten – ein Wortspiel mit Chruschtschow und truschtschowa, was Slum bedeutet. Trotz zahlreicher Abrisse sind diese in Serie gefertigten Wohnbauten in der ehemaligen Sowjetunion wie in ihren ehemaligen Glacisstaaten noch immer sichtbar und werden von Generation zu Generation baufälliger. In Deutschland kennt man sie unter dem Namen »Plattenbauten«, ein Begriff, der in mehreren Sprachen als Lehnwort übernommen wurde.

Einer der kuriosesten Aspekte in der Geschichte des Betons steht in einem ganz besonderen Zusammenhang: dem Machtkampf um die Spitze der Sowjetunion nach Stalins Tod. Am 7. Dezember 1954 hielt Chruschtschow, der sich seines Siegs über die anderen stalinistischen Machthaber noch nicht sicher sein konnte, anlässlich der Nationalen Konferenz der Konstrukteure, Architekten und der mit der Herstellung von Baustoffen befassten Arbeiter einen Vortrag über »Die großflächige Einführung industrieller Methoden, um die Qualität von Bauwerken zu verbessern und deren Kosten zu reduzieren«. Dieser äußerst detailreiche Vortrag dauerte drei Stunden und spielte offensichtlich eine Zentralrolle bei der Distanzierung vom Erbe Stalins, mehr als ein Jahr vor dem XX. Parteitag der KPdSU. Sein Hauptziel war, das Bauen durch vorfabrizierte Teile aus Stahlbeton zu industrialisieren, anstatt unbewehrten Beton an Ort und Stelle in Verschalungen zu gießen, wie es andere politische Führer empfahlen. Es ging darum, dieselben Methoden wie in der Fabrik anzuwenden, um mit der Verwendung von Ziegeln aufzuhören, die zu viel Arbeit und Zeit brauchten. Es hatte keinen Sinn, sie weiter zu verwenden, behauptete Chruschtschow, der seine Argumente im Namen ökonomischer Interessen vorbrachte. Er bestand auf der Wichtigkeit standardisierter Entwürfe und beklagte, dass es in der UdSSR 38 Modelle verschiedener Schulen gäbe. Ihm zufolge wäre die Hauptqualität eines Architekten, zu wissen, wo man einsparen könne, was auch die Vermeidung unnützer Dekorationen bedeutete. Chruschtschow war sich sicher, dass seine Bauwerke Jahrhunderte hielten, und zwar gerade weil sie aus Stahlbeton aufgezogen würden.[39] Sein Vortrag machte nicht die geringste Anspielung auf Sozialismus, nicht einmal im weitesten Sinn des Worts. Aber er war vollkommen auf einer Linie mit der Begeisterung, die Lenin (und übrigens auch Gramsci) immer für Henry Ford, Frederick Taylor und »die wissenschaftliche Arbeitsorganisation« bezeugt hatte. Nur logisch, dass die Sowjets 1929 den amerikanischen Architekten Albert Kahn (1869–1942) eingeladen hatten, um mehr als fünfhundert Fabriken in der UdSSR zu bauen; Kahn war der Hauptarchitekt Fords, für den er mehr als tausend Projekte entworfen hatte, darunter den Ford River Rouge Complex bei Detroit, wo mehr als hundertzwanzigtausend Arbeiter werkten. Der kommunistische mexikanische Maler Diego Rivera machte diese Fabrik, die zu ihrer Zeit die größte der Welt war, in einer Serie von Fresken, wie den Detroit Industry Murals, berühmt. Er wurde von den Kapitalisten, die er verachtete, fürstlich bezahlt. Angesichts der Macht einer Industrie, die das Wohlergehen der Menschheit mitbestimmt, stößt man sich nicht an kleinen ideologischen Differenzen – wie wichtig sie auch sonst sein mögen.

Der Plan, den Chruschtschow 1956 vorgelegt hatte (und der schnell scheitern sollte), um das Lebensniveau der USA zu übertreffen, schrieb den Bauten aus Stahlbeton einen vorrangigen Platz zu und empfahl dabei vor allem die Verwendung von Standardmodellen. Kurz darauf erwarb die UdSSR die französischen Patente »Camus« zur industriellen Vorfertigung von Stahlbeton und verbesserte sie dann, um das Land mit einer in größtem Maßstab geplanten »schweren Vorproduktion« zu überschwemmen. Diese vorgefertigten Wohnungen aus Stahlbeton wurden fast zur Gänze in Fabriken produziert, als wären sie enorme Schuhschachteln. Sie wurden mit Spezialtransportern zur Baustelle gebracht, dort mit riesigen, auf Schienen laufenden stählernen Portalkränen aufeinander gestapelt (daher auch die wie Balken aneinandergereihten Wohnungen in den neuen Wohnbauten). Vor dem großen Krach verkauften die Sowjets diese Patente dann an ihre chinesischen Freunde weiter.

39 Lange Auszüge in englischer Übersetzung können hier eingesehen werden: http://volumeproject.org/industrialised-building-speech-1954.

Aber anstatt sich in die Frage der »nachholenden Modernisierung« der UdSSR zu vertiefen (wie sie Robert Kurz im *Kollaps der Modernisierung*[40] benannt hat), ist es hier wichtig, den internationalen Charakter des Betonregimes[41] nach dem Krieg zu unterstreichen. Schon in den 1930ern erkannten die Organisatoren des New Deal in den USA, dass kein Produkt so sehr zum Industrieausstoß beitragen konnte wie der Beton. Davon zeugen die 3,3 Millionen Kubikmeter, die für die Errichtung des Hoover-Staudamms, Symbol des New Deal, aufgewendet wurden, zu seiner Zeit der größte Bau der Welt aus Stahlbeton. Dieser Baustoff war mit der Entwicklung aller Formen der Warengesellschaft verbunden, auch den »dissidenten«; das galt gleichermaßen für die Fünfjahrespläne der Sowjetunion, den New Deal in den Vereinigten Staaten, den Großen Sprung nach vorne in China, den Wohnbau in Europa nach dem Zweiten Weltkrieg, … In jedem dieser Fälle war es der Beton, der sich geltend machte.

Ist der Beton demokratisch?

Seinen Triumph erfuhr der Stahlbeton in der Nachkriegszeit. Zwanzig Jahre reichten, um einen radikalen Bruch mit andauernden Wirkungen zu bewerkstelligen. Auf technischer Ebene ist dem Hohlblockstein, der seit den 1950ern in die Massenproduktion ging, eine wichtige Rolle vorbehalten. Auf organisatorischer Ebene war es die gesamte Branche, die sich industrialisierte und einer strengen Organisation unterworfen wurde, die nichts mehr mit den handwerklichen Methoden noch mit den lokalen Traditionen von früher zu tun hatte. Auf lange Sicht, erklärt Jacques Fredet, »ist das angestrebte Ziel, dass ein immer größerer Teil der Produktion in der Werkstatt oder der Fabrik erfolgt und dass auf der Baustelle nur noch ungelernte Arbeiter als einfache *Zusammensetzer* verbleiben.«[42] Industrialisierung bedeutet unweigerlich vertikale Integration und Konzentration, Bürokratie und Zusammenarbeit zwischen dem

40 Robert Kurz, *Der Kollaps der Modernisierung. Vom Zusammenbruch des Kasernensozialismus zur Krise der Weltökonomie*, Eichborn, 1991.

41 Im Französischen gibt es dafür den ironischen Audruck »bétonite«.

42 Jacques Fredet, *Les Maisons de Paris*, op. cit., S. 146 (Übersetzung G. W.).

Staat und den großen Betrieben. Eine dem Beton gewidmete Jubelschrift fasst diese Entwicklung so zusammen:

> »Der Prozentsatz der industriell gefertigten Wohnbauten betrug im Jahr 1969 in der Sowjetunion 30 %, in den Vereinigten Staaten 25 %, in den Niederlanden 19 %, im Vereinigten Königreich 12 %, in Frankreich 10 % und in Belgien 2 %. (…). Fabriken für die Vorfertigung entstehen in allen Ländern und von einer beschränkten Anzahl standardisierter Elemente ausgehend schaffen sie Gebäude industriellen Typs, die sie oft direkt wie Fertigprodukte, was das Tragwerk angeht, an die Kunden herantragen. Diese Gebäude sind dafür gedacht, wiederholt große Serien identischer Elemente zu verarbeiten, mit Stahlbeton für die Fundamentsäulen und die Stützrahmen, mit Spannbeton für die Decken und die tragenden Elemente. Später werden diese Fabriken ihre Produktionspalette auf Platten aus Stahlbeton und Fassadenelemente aus Sichtbeton erweitern und gleichermaßen auf Nutz- wie Wohnbauten abzielen.«[43]

Im Zentrum der neuen Bauweise steht in der Theorie wie in der Praxis die Massenwohnung. Zum ersten Mal in der Geschichte richtet sich die Architektur nicht nur an die herrschenden, sondern auch und vor allem an die beherrschten Klassen.[44] Man täuschte sich aber sehr, erblickte man hierin eine Form von »Emanzipation« oder »Beförderung« der unteren Klassen – es handelt sich lediglich um eine Modernisierung der Elendsquartiere. Die moderne Architektur der Nachkriegszeit hat eine beachtenswerte Neuerung eingeführt: Die Armen lassen ihren Zorn an ihren eigenen Behausungen aus. Dass

43 André Jasienski (Hg.), *Histoires de béton armé. Patrimoine, durabilité et innovations*, Febelcem (Fédération de l'industrie cimentière belge) und Comité Patrimoine et Histoire de la Fabi (Fédération royale d'associations belges d'ingénieurs civils, d'ingénieurs agronomes et de bioingénieurs), 2013, S. 105. (übersetzt G. W.)

44 Wie es auch Guy Debord in *Die Gesellschaft des Spektakels* [1976], § 173, Tiamat, Berlin 1996 angemerkt hat.

große Wohnblöcke und ständiger »Vandalismus« mit einander einhergehen, ist so offensichtlich, dass man es nunmehr als unvermeidlich und »natürlich« ansieht. Es gibt keinen Hinweis auf derartige Praktiken in den proletarischen Behausungen des neunzehnten Jahrhunderts. Der Erfolg ist unleugbar: Anstatt die Wohnstätten der Reichen anzugreifen, attackieren die »Ausgeschlossenen« heute ihre eigene Umgebung, ihre »Kaninchenkäfige«. Anders als die städtischen Volksklassen früher, die ihre Wohnungen und ihre Viertel, wie elend sie auch sein mochten, als »ihre« Welt betrachteten, von der aus sie die Ausbeuter attackieren konnten, sind die heutigen »gefährlichen Klassen« vor allem für sich selbst gefährlich. Hass und Verachtung für sich selbst haben den Klassenhass verdrängt – und der Urbanismus und die Gebietsverbauung haben viel dazu beigetragen.

Der niedrige Preis dieser Bauwerke war »die schwere Artillerie, mit der sie alle chinesischen Mauern in den Grund schießt«. Die Verlagerung der Produktion von den Baustellen in die Fabriken entsprach dieser Notwendigkeit. So ging es auch schneller. Vor allem aber ging es darum, die Idee der »Modernität« für alle zu verbreiten. Jeder Einwand wurde im Namen der Dringlichkeit, schnell und viel zu bauen, weggefegt: einerseits auf Grund des massiven Zuzugs von Menschen aus den ländlichen Provinzen und auf Grund der Kriegsschäden andererseits.[45] Tatsächlich galt aber dieses zweite Argument nicht immer: so zum Beispiel in Italien, wo die Kriegsschäden recht beschränkt waren, aber man nichtsdestoweniger eine frenetische Bautätigkeit in den 1950ern und 1960ern beobachten konnte. Wenn der Krieg schon nicht genug Schaden angerichtet hatte, sorgten die Baufirmen selbst dafür: In Palermo wurden in den 1950ern und 1960ern ganze Viertel (mit prachtvollen Liberty-Villen) dem Erdboden gleichgemacht, um Platz für

45 Der Zweite Weltkrieg hatte auf zweierlei Art den Durchbruch des Betons vorbereitet: durch seine Zerstörungen, aber auch durch seine Bauten wie die Maginotlinie oder den Atlantikwall, den die deutschen Besatzer errichteten. An die dreizehn Millionen Kubikmeter Beton wurden verwandt und die Mauern der U-Boot-Basen in Saint-Nazaire und La Rochelle gehören zu den dicksten, die je gebaut wurden.

monströse *palazzi* zu schaffen, die von mit der Mafia verbundenen Bauherren errichtet wurden. Man sprach damals vom »Sacco di Palermo« in Anspielung auf den »Sacco di Roma«, der Plünderung durch die Soldaten Karls V. im Jahr 1527.

Die allgemeine Verbreitung dieser Wohnungen ging Hand in Hand mit anderen Formen der »Modernisierung« bei der Möblierung und den Haushaltsgeräten und noch globaler mit der Landflucht, der Demokratisierung des Automobils, neuen Ernährungsgewohnheiten und der Aufgabe von häuslicher Produktion und Reparatur. Wenn diese Revolution erfolgreich war, dann nur in zweiter Linie wegen der tatsächlichen Verbesserungen, die sie brachten: die stärkste Waffe, um diese *Brave New World* ins Leben treten zu lassen, war die *Scham*, die alle jene verspüren sollten, die »auf herkömmliche Art« lebten, im Gegensatz zum *Stolz*, »absolut modern« zu sein. Unter unzähligen Zeugnissen dafür soll hier Folgendes zitiert werden, das vielleicht nicht ausreichend gewürdigt wurde. Mit *Hände über der Stadt* (Le mani sulla città, 1963) kommt dem italienischen Regisseur Francesco Rosi das große Verdienst zu, den ersten Film über die Immobilienspekulation und ihre kriminellen Seiten für ein breites Publikum gedreht zu haben.[46] Einige Jahre zuvor hatte er hatte er seinen Langfilm *Die Herausforderung* (La sfida, 1958) gedreht, einen der ersten Filme, der die neapolitanische *Camorra* thematisierte, auch wenn der kriminelle Einsatz damals nur einige Lastwagen voll Tomaten waren. Der Film beschreibt nebenbei, ohne Ironie oder ausdrückliches Anprangern, eher wie etwas Selbstverständliches, eine wesentliche Veränderung: Er spielt in Neapel und anfangs lebt der Protagonist in einem alten großen, von vielen Familien bewohnten Haus in einem Volksviertel. Es ist ein wenig baufällig, aber sehr schön. Es gibt ein reiches soziales Leben auf den Treppen und an anderen gemeinschaftlichen Orten, die Türen der Wohnungen stehen immer offen. Die Dachterrassen dienen zum Trocknen der Wäsche, aber auch zu einem

46 In seinen weiteren Filmen zeigt sich Rosi ähnlich sensibel gegenüber dem Erscheinungsbild, das von der neuen Bauwut geschaffen wurde. In Frankreich muss man zumindest *Mon oncle* (1962) von Jacques Tati als Satire auf die neu errichtete Umgebung erwähnen.

Versteckspiel zwischen dem Helden und einem Mädchen, das dann in ihrer Verlobung endet. In einer der folgenden Szenen ist die Familie des Protagonisten in eine moderne Wohnung übersiedelt, wo sie beim Fernsehen Coca-Cola trinkt. Das war die Zeit, als die italienischen Familien ihre alten Einrichtungen gegen laminierte Möbel tauschten und ihre Olivenhaine verkauften, um sich einen winzigen Fiat 500 zuzulegen. Der Fortschritt ist nicht aufzuhalten! Die technologisch ermöglichte Bequemlichkeit soll unerträgliche, monotone und seelenlose Wohnungen ausgleichen, Stätten, in die man sich weder körperlich noch geistig einleben kann – obwohl das doch für jede auch nur halbwegs glückliche Kindheit unerlässlich ist.

Trotzdem hielt das Misstrauen gegenüber den neuen Bauten sehr bald Einzug in die italienische Massenkultur: In seinem autobiographischen Chanson *Il ragazzo della via Gluck* beispielsweise, 1966 ein großer Erfolg, beschwört der bekannte Sänger Adriano Celentano Häuser auf dem Land, die »dem Teer und dem Beton« (solo case su case, catrame e cemento) gewichen sind, so wie eine ganze Stadt an die Stelle des kleinen Hauses der Kindheit des Protagonisten getreten ist (là dove c'era l'erba ora c'è una città). Pier Paolo Pasolini überlegte sogar, daraus einen Film zu machen. Das Lied wurde in Frankreich von Françoise Hardy unter dem Titel *La Maison où j'ai grandi* gesungen, aber ohne den Zement zu erwähnen, und milderte so die polemische Aufladung des Originals, ganz im Gegensatz zur englischen Version *Tar and Cement*, die die »Autobahnen« zitierte. Von Verdelle Smith aufgenommen, hatte auch sie 1966 einen großen Erfolg, bevor sie von anderen Sängern gecovert wurde. Celentano (der keineswegs zu den »engagierten« Künstlern zählte) kritisierte den zeitgenössischen Urbanismus ausdrücklich in seinem Lied *Un albero di trenta piani* von 1972 (Ein Baum mit dreißig Stockwerken), eine direkte Anspielung auf das Pirelli-Hochhaus in Mailand. In einem anderen kulturellen Bereich muss man *La Speculazione edilizia* erwähnen, einen Kurzroman von Italo Calvino, 1963 bei Einaudi veröffentlicht, sowie die sarkastische Erzählung *La nostra casa si trasforma: e l'inquilino la deve subire* (1961; Unser Haus verändert sich, und der Mieter muss es ertragen) von Carlo Emilio Gadda, einem virtuosen Schriftsteller und Ingenieur von Beruf.[47] Er beschreibt detailreich ein großes Haus, errichtet aus Stahlbeton und Hohlziegeln, in dem man jedes Geräusch der anderen Mieter hören und jede Ausdünstung ertragen muss, wozu noch die »thermischen Nachteile« kommen. Diese »Revolution« ist die Frucht der »Neuerer«, die von der Höhe ihres geistigen Teenageralters alle Baukunst der Vergangenheit dem Vergessen weihten.

Ein völlig anderer Geist herrscht im ersten Film des später weltberühmten Cineasten Jean-Luc Godard: in *Opération Béton*, einem Amateur-Dokumentarfilm, der 1953 auf der Baustelle der Talsperre der Grande-Dixence in den Schweizer Alpen gedreht wurde, wo Godard damals als Hilfsarbeiter tätig war. Er konnte seinen sechzehnminütigen Film an die Baugesellschaft verkaufen, da es sich um eine Hymne auf die »Macht des Menschen« und den Beton handelte. Man findet denselben halb lyrischen, halb heroischen Tonfall im italienischen Dokumentarfilm *Il Pianeta acciaio* (Der stählerne Planet, 1962) von Emilio Marsili: Dieser höchst erstaunliche Film – dessen Drehbuch von einem anderen wichtigen italienischen Regisseur, Luciano Emmer, verfasst wurde – beginnt mit einem enthusiastischen Kommentar, der die Bilder von Jahrhunderte alten Olivenhainen zeigt, die in Apulien mit Planierraupen niedergemacht werden, um mit der althergebrachten »Schläfrigkeit« aufzuräumen und dem Fortschritt freie Bahn zu schaffen. Dann beschreibt der Film in epischen Tönen die Errichtung einer Verhüttungsanlage und die Zähmung des »stählernen Monsters«. Wenn man weiß, dass die Anlage, um die es geht, die Ilva in der Stadt Tarent ist, die dank der Stahlerzeugung eine der am stärksten verschmutzten in Europa ist, wo die Arbeiter sich heute gezwungen sehen, zwischen Arbeitslosigkeit und Krebs zu wählen, dann erscheint dieser Film als ein Meisterwerk eines (obgleich unfreiwilligen) Zynismus.

Auch die bildenden Künste selbst wurden, vor allem in Italien, vom Beton erobert, mit etwas paradoxen Ergebnissen. Der Bildhauer Alberto Burri (1915–1995) zeigte seit den 1950ern auf bemerkenswerte Art, die den Rahmen der damaligen »informellen«

47 Carlo Emiliano Gadda, *Saggi Giornali Favole e altri scritti I*, Garzanti, Milano 2008, ab S. 373; auch in: https://www.gadda.ed.ac.uk/Pages/resources/essays/nostracasa.php.

Kunst sprengte, dass »rohe« Materialien, wie weggeworfene Jutesäcke, Plastik, Klebstoffe oder Zement, große Ausdrucksmöglichkeiten in sich bergen und menschliches Leid bezeugen können. In den 1980ern zögerte Burri nicht, die Ruinen der Stadt Gibellina auf Sizilien, die 1968 von einem Erdbeben zerstört und dann verlassen wurde, mit Beton zu bedecken. Er hoffte, so das Andenken an den Ort bewahren zu können. Selbst wenn manche von der anfänglichen Idee angetan sein mochten, so zeigte doch dieses Stück *land art* einmal mehr, dass der Beton schlechter altert als die alten Ruinen, die er umhüllt …

Der italienische Künstler Giuseppe Uncini (1929–2008) arbeitete sein ganzes Leben mit Stahlbeton und schuf Werke wie *Primocementoarmato* (1958) und *Ferrocementi*. Seine Vorgehensweise, die darin besteht, auf das Material zu hören, es zu erforschen und zu erkennen (Er sagte: »Wer Kunst macht, muss sich zuerst auf die Materialien besinnen, die er benutzt, um eine echte Bedeutung ausdrücken zu können.«[48]), stellt tatsächlich eine der Facetten der Kunst dar, die sich die Welt gegen Abstraktion und Quantifizierung wieder aneignen will. Aber das mit Beton zu tun, ist schon erstaunlich!

Der Beton brachte schließlich einen ihm eigenen Stil hervor: den Brutalismus. Als ich dieses Wort das erste Mal hörte, schien es mir augenscheinlich, dass es sich um eine abwertende, von den Gegnern dieser Stilrichtung aufgebrachte Bezeichnung handelte, denn ich assoziierte sie mit dem Wort »brutal«. Ich brauchte eine gewisse Zeit, bis ich verstand, dass sie sich in Wirklichkeit von »béton brut« (Sichtbeton, eigentlich »Rohbeton«) ableitete, Neutralität für sich in Anspruch nahm und von ihren Urhebern selbst verwandt wurde. Die weite Verbreitung dieses Namens hat aber vielleicht doch mit seiner Verbindung zu »brutal« zu tun. Und tatsächlich heißt ein jüngst dazu erschienenes Buch *This Brutal World*.[49] Es handelt von Architekten vom Beginn des 20. Jahrhunderts, wie

48 »Uncini, scultore del cemento armato. Al Mart il padre dell'arte povera« (Uncini, der Bildhauer des Stahlbetons. Der Vater der Arte Povera im MART [Museo d'arte moderna e contemporanea di Trento e Rovereto]), in: *La Repubblica*, 10. Dezember 2008. (übersetzt G. W.).

49 Peter Chadwick, *This Brutal World*, Phaidon, London, New York 2016.

Frank Lloyd Wright und Louis Kahn, ebenso wie von heutigen Postmodernen. Aber ist es besser, den Begriff Brutalismus für den Ansatz zu reservieren, den Le Corbusier eingeleitet hat und der seinen Namen in England vor allem mit dem Werk von Alison und Peter Smithson bekam. Merkmale des Brutalismus sind würfelförmige Strukturen, bei denen der Beton nackt und ohne Dekoration daherkommt. Er erfuhr zwischen den 1950ern und 1970ern eine große Verbreitung, auch in den Ländern des Ostens und der Dritten Welt. Er wurde vor allem im sozialen Wohnungsbau und bei öffentlichen Bauten verwandt. Man kann im Brutalismus eine Art von Pervertierung einer der Leitideen des Funktionalismus der 1920er-Jahre sehen: die Strukturen sichtbar zu machen, anstatt sie verschämt hinter Verkleidungen zu verstecken. Die Werke des brasilianischen Architekten Oscar Niemeyer und andere zeigen hingegen, dass eine Architektur, die fast zur Gänze auf Stahlbeton basiert, sich nicht unbedingt auf die geraden Linien beschränken muss, sondern auch weichere Formen und Kurven in gleichem Maße bevorzugen kann – wenngleich das nicht seine anderen Unannehmlichkeiten zum Verschwinden bringt.

Die brutalistische Architektur entwickelte sich sehr stark mit der Errichtung neuer Universitätsgebäude – der Übergang zur sogenannten Massenuniversität und die Anwendung dieser Art Architektur sind nur zwei Seiten einer Medaille. So wurde die staatliche Universität von Rio de Janeiro Anfang der 1970er-Jahre als exakte Kopie der *Technischen Universität* in Berlin erbaut – und einige Studenten schreiben dieser Architektur die zahlreichen Selbstmorde zu.

Der Brutalismus beschränkt sich übrigens nicht auf die Architektur: Außer den Blumentöpfen aus Beton gibt es auch Stereolautsprecher aus Beton, Schmuck aus Beton, Schreibtische aus Beton, ein Parfum *concrete*, auch Nachtlokale und Cafés *concrete* in brutalistischem Stil.

Bei den Umfragen, welche Gebäude das Publikum am wenigsten ausstehen kann, »gewinnen« (zumindest in England) die brutalistischen.[50] Aber, wie unglaublich das auch erscheinen mag,

50 Im November 2008 hat eine Online-Abstimmung unter den Besuchern des website virtualtourist.com das Rathaus von Boston an die erste

nach der Postmoderne ist der Brutalismus im Namen einer soliden Architektur als eine »Art von puritanischem Primitivismus« wieder in Mode gekommen: ehrlich und auf das Wesentliche beschränkt. Manche finden Beton und selbst Brutalismus nicht nur nützlich und billig, sondern *schön*. Es gibt Vereine, die für den Erhalt brutalistischer Bauwerke kämpfen, weil diese oft abgerissen werden; einige von ihnen stehen nun unter Denkmalschutz, wie die Wohngebäude des Ernst-Thälmann-Parks in (Ost-)Berlin. Man hat sogar einen »neobrutalistischen« Stil vorgeschlagen.

Es gibt nichts, das man einem Verfechter der Schönheit von Brutalismus entgegenhalten könnte: Das überschreitet jede mögliche ästhetische Diskussion. Was jedes Verständnis noch weiter überschreitet, ist, dass der Brutalismus oft mit einer »utopischen« Dimension in Verbindung gebracht wird, mit einem Projekt von »Gemeinschaftlichkeit« und gutem Leben. Soziale Utopie wies oft – durch die Jahrhunderte hindurch – eine architektonische Dimension auf. Tommaso Campanellas *Sonnenstaat* (1623) beispielsweise enthält eine detaillierte Beschreibung der Form der Stadt. Im Brutalismus der 1960er-Jahre stellt sich die Organisierung des Lebens wie in einem funktionalen Ameisenstaat gleichermaßen als »Utopie« vor. Das wahre Gesicht dieser Wolkenkratzerutopie schimmert im Roman *High-Rise* von James G. Ballard (1975)[51] durch, wo die Bewohner eines riesigen Hochhauses, nachdem sie sich von der Welt abgeschnitten haben, in Barbarei versinken und einander schließlich gegenseitig vertilgen.

Manche – vor allem in England – verbinden den Stahlbeton mit der fordistischen Epoche, dem Sozialstaat, Behausungen und kulturellem Leben für alle: mit Sozialismus. Noch in den 1990er-

Stelle der hässlichsten Gebäude der Welt gebracht, knapp vor der Tour Montparnasse in Paris (www.reuters.com/article/us-travel-picks-ugly-idUSTRE4AD2V720081114).

51 Deutsch: *Der Block*, übersetzt von Walter Brumm. Heyne SF&F #3855, München 1982; auch als: *Hochhaus*, übersetzt von Michael Koseler. Suhrkamp (Phantastische Bibliothek #288), Frankfurt a. M. 1992; und als: *High-Rise*, übersetzt von Michael Koseler. Diaphanes (Allgemeine Reihe #4932), Zürich 2016. Der Roman ist Teil der »Betontrilogie«: *Crash/Die Betoninsel/Der Block*, Area, Erftstadt 2004.

Jahren hatte sich eine Staatssekretärin des konservativen britischen Kabinetts mit den Worten: »Das können wir nicht in die Liste aufnehmen – das ist aus Beton – das ist *kommunistisch*!«,[52] geweigert, den Alexander Fleming House Complex, einen riesigen Wohnblock in London aus den 1960ern, unter Denkmalschutz zu stellen.

Tatsächlich verachteten auch die Faschisten den Beton nicht, so wie Hitler, der damit seine Autobahnen bauen ließ.[53] Aber die graue Monotonie der brutalistischen Bauten war für ein gewisses Publikum oft mit dem verbunden, was es im Osten sehen konnte, oder mit der Vorstellung, die es sich von Sozialismus machte. Damals waren »links« und »rechts« im allgemeinen Sprachgebrauch Synonyme für »Veränderung« und »Bewahrung«. Wenn aber der Funktionalismus wirklich »links« ist, wie konnte er dann in diesem Ausmaß der kapitalistischen Raumordnung dienen? In der Praxis vereinte der Funktionalismus die »rechte« und die »linke« Seele des Industriekapitalismus, wie er sie in den Fabriken, im Arbeitskult, in Fernsehen, Auto und Kühlschrank vereinte.

Für eingeschworene Liberale bedeutete der massive Ausbau von erschwinglichen Wohnungen durch den Staat die Störung des freien Markts. Auf einer anderen Ebene stieß sich der bereits erwähnte reaktionärste Teil der Bourgeoisie am klassenübergreifenden Cha-

52 Adrian Forty, »›Concrete? It's Communist!‹ The Rise and Fall«, op. cit.

53 Hitler behauptete 1934 in einer Rede auf einer Kulturtagung des Parteitags der NSDAP: »Der nationalsozialistische Staat (muss) sich verwahren gegen das plötzliche Auftauchen all jener Rückwärtse, die meinen, eine ›theutsche Kunst‹ (...) aus der krausen Welt ihrer eigenen romantischen Vorstellungen der nationalsozialistischen Revolution als verpflichtendes Erbteil für die Zukunft mitgeben zu müssen. (...) Eure vermeintliche gotische Verinnerlichung passt schlecht in das Zeitalter von Stahl und Eisen, Glas, Beton, von Frauenschönheit und Männerkraft, von hochgehobenem Haupt und trotzigem Sinn.« Daran sollten sich all diejenigen erinnern, die den Nationalsozialismus einseitig als »archaische« Reaktion auf den Fortschritt einstufen. Adolf Hitler: *Reden zur Kunst- und Kulturpolitik*. Herausgegeben und kommentiert von Robert Eikmeyer. *Revolver*, Archiv für aktuelle Kunst, Frankfurt am Main 2004, S. 75–76. Der Herausgeber äußert in einer Fußnote auf S. 78 die Annahme, dass mit den »Rückwärtsen« die Wortführer der »Völkischen« gemeint waren, vermutlich auch Alfred Rosenberg. Tonaufzeichnungen der Rede: Archive.org oder Youtube (12:08, 15:24).

rakter des Betons, der schon bei Le Corbusier eine gewisse Rolle gespielt hatte. Während früher behauener Stein und Ornament äußere Zeichen von Reichtum waren und das Volk in Behausungen aus Holz, Ziegeln oder Bruchsteinen leben musste, stellen heute Beton und »reine« geometrische Formen das Los aller dar – der Unterschied ist nur noch quantitativ und besteht in der Wohnfläche, über die man verfügt. Diese Beziehung zwischen Beton und quantitativer Logik wird später beleuchtet werden.

Die geistige Assoziation von Armut und Beton hielt an und beschränkte sich nicht auf Arbeiterquartiere. Der Beton wurde – und wird bis heute – für eine Unmenge von Do-it-Yourself-Bauten in der früher sogenannten Dritten Welt verwandt. Dieser Massenkonsum auf kleiner Stufenleiter trägt erheblich zum Wachstum der Profite der Zementindustrie bei. Diese allerdings zieht es undankbarerweise vor, nicht an ihre Verbindung mit den Elendsquartieren zu erinnern. Barackensiedlungen sind auf Werbefotos unerwünscht, außer wenn es sich darum handelt, einen lokalen Erfolg zu unterstreichen, zum Beispiel bei der Ausrottung einer Krankheit, die durch Parasiten verursacht wird, die im ländlichen Mexiko in den Böden aus gestampfter Erde der Armenwohnungen existieren, einer Ausrottung, die durch eine massive Kampagne des Versiegelns dieser Böden mit Beton möglich wurde – als wäre dieses Ergebnis nicht auch mit Natursteinen zu erzielen gewesen, die in Mexiko übrigens oft wunderschön sind.

Wird der Beton einmütig gelobt?

Die frühen Avantgarden waren weder dem Stahlbeton noch der modernen Architektur stets zugetan. So etwa schrieb Louis Aragon 1925 in *La Révolution surréaliste*, der ersten Zeitschrift der Surrealisten:

> »Mit den verwunschenen Architekturen geht es schließlich zu Ende, der Bewohner ist in diesen Kästen ganz bei sich, er wird Frieden finden in dieser Mauerwüste. Alles misst sich am Nutzen, die Brauchbarkeit funkelt noch aus dem kleinsten Baustein, und wenn irgendeine Erinnerung jenseits des unmittelbaren Lügenmärchens über die Unbilden des Wetters

> und die Zerstörungen dieses Bauwerk zu den heutzutage lyrischen Proportionen einer Fabrik oder eines Hangars zurückführt, ist die Frage erlaubt, ob dies nicht, reiner Krampf des Pragmatismus, eine Art notwendige Vergöttlichung der Arbeit und ihrer Arten ist, ein durch seinen Mangel befestigtes Prinzip und, wie ein Schluchzer des Stahlbetons, die Hysterie der Baustoffe bei ihrer Anpassung an die Konventionen des Menschen, an seine Kosten-Nutzen-Rechnungen, an seine Schrecken.«[54]

Die Verbindung, die hier zwischen dem »Zement« und der »Vergöttlichung der Arbeit« hergestellt wird, ist besonders interessant. Aber diese Zweifel und Proteste blieben stark in der Minderheit und wurden von ihren Autoren selbst nicht weiter ausgeführt (ganz zu schweigen von der folgenden schamlosen Karriere Aragons, der Stalinist wurde und es bis zum Schluss blieb).

Auf wesentlich kohärentere Art entfachten die jungen Lettristen und dann die Situationisten in den 1950ern eine lebhafte antifunktionalistische Polemik – auch wenn sie selbst einige Illusionen über den Modernismus und die positive Rolle der Technologien nährten, deren Ablehnung sie den Surrealisten sogar vorwarfen. Im Jahr 1956 lancierte die erste der von Guy Debord gegründeten Gruppen, die Lettristische Internationale, eine »Order zum Boykott« des Festival de l'Art d'Avant-garde, das in der Cité Radieuse von Marseille stattfand. Die Polemik des Flugblatts, das von Guy Debord, dem dänischen Maler Asger Jorn und dem Lettristen Gil J. Wolman unterzeichnet worden war, richtete sich gegen die Künstler, die dort teilnahmen, von denen einige wie Yves Klein, César und Pierre Restany bald darauf unter dem Namen des »Neuen Realismus« berühmt werden sollten und denen sie vorwarfen, »ihre Karriere auf der Nachahmung und reaktionären Vulgarisierung früherer Neuerungen, ihrerseits im Allgemeinen von geringer Tragweite, gegründet zu haben« und »die Lorbeeren ehemaliger Kämpfer einer mittlerweile kraftlosen Avantgarde einheimsen« zu wollen. Die Lettristen machten deutlich, dass »durch die Wahl der Kulisse –

54 Louis Aragon, »Au bout du quai, les Arts Décoratifs!«, in: *La Révolution surréaliste* Nr. 5, 1925, S. 26 (Übersetzung G. W.)

Le Corbusiers Cité Radieuse genanntes Gebäude – und durch das Spektrum der eingeladenen Persönlichkeiten diese Ausstellung sich als den Gipfel der verworrenen und rückschrittlichen Tendenzen zeigt, die seit zehn Jahren ununterbrochen den modernen Ausdruck beherrscht haben«.[55]

Seit 1952 verschrieben sich die Mitglieder der kleinen Lettristischen Internationale und ab 1957 die der Situationistischen Internationale, immer unter dem Antrieb Guy Debords, intensiv der Erforschung des öffentlichen urbanen Raums und den Projekten für eine andere Stadt, und zwar durch die Konzepte der »dérive« (Abweichung, aber auch Umherschweifen), des »unitären Urbanismus« und der »Psychogeographie«. Zum Zeitpunkt der Gründung der Situationistischen Internationale im Jahr 1957 dienten der »unitäre Urbanismus« und die Opposition gegen den Funktionalismus als gemeinsamer Nenner zwischen den verschiedenen »Tendenzen« und Individuen, die daran teilhatten. Nachdem er aus dem situationistischen Diskurs zu Gunsten der Anprangerung der Schrecken des neuen Urbanismus nach 1962 verschwunden schien, erfuhr der unitäre Urbanismus seit Beginn der 1990er-Jahre eine Wiederkehr in bestimmten Künstler- und Architektenmilieus unter dem Namen eines »utopischen Urbanismus«. Man muss in Erinnerung rufen, wie sehr der situationistische Ansatz jenem Le Corbusiers entgegengesetzt war, der damals den unüberschreitbaren Horizont darstellte und dem alles anhing, was »modern« sein wollte. Die Situationisten wollten das auch sein, aber auf ihre eigene Art. Auch sie wollten keineswegs »traditionalistisch« oder »reaktionär« sein. Die Erhaltung historischer Gebäude interessierte sie zu diesem Zeitpunkt überhaupt nicht (»Einig sind sich alle in der Ablehnung ästhetischer Einwände, darin, die Bewunderer des Portals von Chartres zum Schweigen zu bringen. Schönheit, *die kein Glücksversprechen ist*, muss zerstört werden«, schrieben die Lettristen[56]) und sie wünschten vielmehr, die Städte »von Grund auf« neu zu bauen.

55 Guy Debord, *Œuvres*, Gallimard, Paris 2006, S. 239–241 (Übersetzung G. W.)

56 *Potlatch* Nr. 23, in: Guy Debord, *Guy Debord präsentiert Potlatch. Informationsbulletin der Lettristischen Internationale, mit einen Dokumentenanhang*, Tiamat, Berlin 2002, S. 174

Aber – und gerade darauf beruht ihre ganze Originalität – der unitäre Urbanismus sollte nicht der herrschenden Ordnung dienen, der Arbeit und dem Familienleben, dem Autoverkehr und den erlaubten »Vergnügungen«, der Standardisierung und der Ökonomie. Ganz im Gegenteil, die Architektur, die sich die Lettristen und die Situationisten vorstellten, hatte Spiel und Nomadismus zum Ziel, »experimentelles Verhalten« und Umherschweifen, kurz: das »Herstellen von Situationen«. Labyrinthische Struktur ebenso wie die Möglichkeit der Bewohner, die Gebäude ständig zu verändern, waren dabei wesentliche Aspekte.

Die Situationisten beschränkten sich darauf, sich in groben Linien diese Arten von Behausung auszudenken, bis sie mit dem holländischen Architekten und Maler Constant Nieuwenhuys (1920–2005) zusammentrafen, der unter dem Namen Constant bekannter war. Es war Asger Jorn, der wenige Monate nach der Gründung der Situationistischen Internationale seinen Ex-Kollegen aus der Künstlergruppe Cobra (1948–1951) beitreten ließ. Constant arbeitete damals schon geraume Zeit an einem Projekt der »utopischen« Stadt, die er dann, auf eine Anregung Debords hin und unter Bezug auf einen sowjetischen Film von 1929 über die Commune von Paris, »New Babylon« nannte. New Babylon stellt sich als eine Stadt in dauerndem Bau dar, eine Art Band auf Stelzen, eine »überdeckte« und »durchgehende« Stadt im Gegensatz zur »Grünen Stadt« Le Corbusiers, wo Isolierung herrscht: ein labyrinthisches Gemenge aller Stile und Techniken, von den Bewohnern an ihre jeweils gewünschten Spiele und psychischen Effekte anpassbar. Das permanente Umherschweifen soll dabei die Hauptbeschäftigung sein, während die produktiven Tätigkeiten von Maschinen ausgeführt werden. Es soll eine Stadt geben, um »neue Situationen«[57] zu schaffen, im Gegensatz zu den »Friedhöfen aus Stahlbeton, worin große Massen der Bevölkerung dazu verurteilt sind, sich zu Tode zu langweilen«. Debord glaubte in den Ent-

57 Constant, »Une autre ville pour une autre vie«, in: *Internationale situationniste*, Nr. 3, 1959, S. 37 (neu herausgegeben in: *Internationale situationniste 1958–1969*, Fayard, Paris 1997, S. 105). *Situationistische Internationale 1958–1969. Gesammelte Ausgaben des Zentralorgans der Situationistischen Internationale*, MaD, Hamburg 1976/77, Band 1, S. 113

würfen und Modellen Constants eine beginnende Verwirklichung des unitären Urbanismus zu erkennen; daher maß er ihnen auch eine große Bedeutung bei und unterhielt eine lebhafte Korrespondenz mit ihm. In »Constant und der unitäre Urbanismus« (*Constant et l'urbanisme unitaire*), einem im Jänner 1959 verfassten, aber damals unveröffentlicht gebliebenen Loblied,[58] schrieb Debord, dass »die vorherrschenden gesellschaftlichen Beziehungen sich der beschleunigten Entwicklung der Produktivkräfte nicht anpassen können« und dass »das aktuelle Gleichgewicht die Kräfte definitiv nicht integrieren kann, die der technische Fortschritt ausgelöst hat, welcher auf einen neuen Wendepunkt zutreibt«. Aber das waren landläufige Beteuerungen, selbst bei den »orthodoxesten« Marxisten. Für diese gingen technischer und gesellschaftlicher Fortschritt notwendigerweise Hand in Hand, und sie warfen der »Bourgeoisie« sogar vor, bewusst den technischen Fortschritt zu verzögern, indem sie eine Bedrohung für ihr überkommenes und »von der Geschichte«, das heißt von der Entwicklung der Produktivkräfte »überholtes«, Regime sähen. Debord unterschrieb gleichermaßen die progressistische Idee, »tabula rasa« mit der Vergangenheit zu machen: »Überall stellen sich die von der Schaffung eines höheren Niveaus bedingten Notwendigkeiten dem gewohnten Denken und Verhalten entgegen. Weil wir uns an die Seite derer gestellt haben, die diese Schöpfung vorantreiben, können wir uns auch nicht in aller Unschuld der Formen bedienen, die der überholten kulturellen Totalität angehören.«

1960 verließ Constant jedoch die Gruppe. Debord beschrieb ihn daraufhin so: »Dieser geschickte Mann bietet sich, zwischen zwei oder drei Plagiaten schlecht verstandener situationistischer Ideen, offen als public-relatios-Agent an, um die Massen in die technische kapitalistische Zivilisation einzugliedern«,[59] und sprach später von »seiner technokratischen Neigung«.[60] Das verhinderte im Übrigen nicht, dass Constant häufig von Leuten studiert und

58 Guy Debord, *Œuvres*, op. cit., S. 445–451 (Übersetzung G. W.)

59 Guy Debord, *Internationale situationniste* Nr. 6, 1961, S (einsehbar in: www.si-revue.de/situationistische-internationale)

60 »Critique de l'urbanisme«, in: *Internationale situationniste* Nr. 11, 1967, S. 66 (einsehbar in: www.si-revue.de/situationistische-internationale)

geschätzt wird, die sich heute auf das Erbe der Situationisten beziehen.

In der Rückschau erscheint New Babylon – das nie das Licht der Welt erblickte, aber postmoderne Architekten wie Rem Koolhaas beeinflusste – mit dem gleichzeitig poetischen und politischen Projekt der Situationisten wenig vereinbar. Constant gab vor, ein Anti-Corbusier zu sein, aber er war es im Sinn einer umgekehrten Spiegelung. New Babylon drehte die sozialen Werte um, die der »Wohnmaschine« Le Corbusiers zu Grunde lagen. Man erkennt nicht, worin diese Stadt eine »Wohnpoesie« sein soll, als die sie ihr Schöpfer auf dem Kongress in Alba 1956 vorgestellt hatte, der der Gründung der Situationistischen Internationale voranging.[61] Trotz der generellen Absichten Constants, die löblich erscheinen mögen, handelt es sich letztendlich um eine »Spielmaschine«. Wenn sich auch der Inhalt ändert, so bleibt der Duktus doch nahe bei Le Corbusier: auf Pfeilern gebaut, freier Grundriss, Dachterrassen (die selbst Landeplätze für Flugzeuge bieten!), und der Boden, der dem Verkehr überlassen wird (»auf der nach allen Richtungen durch Autobahnen durchschnittenen Bodenebene gibt es ausser einigen den Bau tragenden Pfahlwerken […] kein Bauwerk«[62]).

New Babylon sollte den historischen Strukturen fernbleiben – Constant wollte die alten Städte nicht zerstören, sondern seine Stadt wie ein Spinnennetz über schon bestehende legen, ohne Eingliederung weder in die bestehenden Bauten noch in die natürliche Umgebung. Er prophezeit, dass sie sich eines Tags über den ganzen Planeten erstrecken werde und man eine Weltreise machen könne, ohne sie zu verlassen – aber es sieht überall gleich aus. Das Innere der Gebäude soll nach seinen Plänen zum Großteil »künstlich beleuchtet und klimatisiert«[63] werden und der Übergang zwischen Nacht und Tag und den Jahreszeiten nicht wahrnehmbar sein. Das

61 Zitiert nach Guy Debord, *Œuvres*, op. cit., S. 447

62 Constant, »Description de la zone jaune«, in: *Internationale situationniste* Nr. 4, 1960, S. 24. Constant sieht auch einen Platz vor, »der eine wunderbare Aussicht auf den Verkehr der Autobahnen gestattet, die unten verlaufen« (»une place, qui jouit d'une vue splendide sur le trafic des autostrades qui passent en dessous«)!

63 Ibid.

Ziel ist es, »die Natur zu bezwingen und das Klima, die Beleuchtung und die Geräusche in diesen verschiedenen Räumen unserem Willen zu unterstellen«.[64] Stahl und bewehrter Beton, Plexiglas, Nylon und Titan sollen die Hauptbaustoffe sein. Das Leben werde sich in einem völlig künstlichen Rahmen abspielen, und es werde Zonen geben, in denen »ein längeres Verweilen so etwas wie eine Gehirnwäsche bewirkt, die praktiziert wird, um die eventuell entstehenden Gewohnheiten auszulöschen«.[65] »Teams von spezialisierten Schöpfern, die also Berufssituationisten sind«, sollen die Umgebungen regulieren. Wenn alles klappte, lebten wir dort sogar wie auf dem Mond: »da die auf anderen Planeten eingerichteten Stationen sofort das Problem der bedeckten Städte aufwerfen werden, die vielleicht das Vorbild unseres Studiums des zukünftigen Urbanismus bilden.«.[66] Auf gewisse Art ist die Stadt Constants genauso totalitär wie die Le Corbusiers – mit dem Unterschied, dass es nicht mehr ein Totalitarismus uniformierter Massen, sondern einer von Individuen in einer liberalen Epoche ist, denen es freisteht, persönlichen Gebrauch von einem Raum zu machen, den sie schon von anderen vorgefertigt vorfinden. Und das passt vollkommen zu dem »postmodernen«, weil uneinheitlichen und zusammengewürfelten Charakter von New Babylon. Die »kundenspezifische Lösung« statt Standardisierung …

Das Verhältnis von Asger Jorn, Mitbegründer der Situationistischen Internationale, zum Funktionalismus ist zwiespältig: Während er das angeblich »Neue Bauhaus« in Ulm und dessen dort praktizierten Funktionalismus kritisiert, lobt er das originale Bauhaus, weil dieses »die Maschine als würdiges Instrument des Künstlers« akzeptierte, auf Serienproduktion setzte und eine Brücke zwischen Kunst und Industrie schlug. Sein Sitz in Dessau wird von Jorn als das wichtigste Bauwerk der 1920er-Jahre angesehen. Jorn gründete dann 1954 das *Mouvement international pour un Bauhaus imaginiste* (Internationale Bewegung für ein Bauhaus der Phantasie) und rügte an der Ulmer Schule nicht nur ihren technokratischen

64 Constant, »Une autre ville pour une autre vie«, op. cit., S. 38
65 Constant, »Description de la zone jaune«, op. cit., S. 25
66 Constant, »Une autre ville pour une autre vie«, op. cit., S. 39

Charakter, sondern auch ihr Interesse für das Handwerk, was schon der wunde Punkt des originalen Bauhauses gewesen sei.[67] Im Übrigen arbeitete der junge Jorn 1937, über Vermittlung von Fernand Léger, mit Le Corbusier bei der Verwirklichung des Pavillons *Temps Nouveaux* bei der Pariser Weltausstellung zusammen.

In *Potlatch*, der Zeitschrift der Lettristischen Internationale, verkündete man, dass »die mieseste Architektur die ist, die Firmin Le Corbusier verbreitet« (Nr. 1, 1954). Ein scharfer, Debord zugeschriebener Artikel mit dem Titel *Les gratte-ciel par la racine* (Nr. 5, 1954; Die Wolkenkratzer von unten besehen) widmet sich ihm ganz besonders:

> »In dieser Zeit, die zusehends und auf allen Gebieten unter dem Zeichen der Repression steht, gibt es eine besonders widerwärtige Person, in der eindeutig mehr vom Bullen steckt als im Durchschnitt. Sie baut Wohnzellen, eine Hauptstadt für die Nepalesen, vertikale Ghettos, Leichenschauhäuser für eine Epoche, die diese gut gebrauchen kann, und sie baut Kirchen. Der Modulor-Protestant, Sing-Sing-Le-Corbusier, der Kleckser neo-kubistischer Schinken bringt die ›Wohnmaschine‹ auf Touren, zur größten Ehre Gottes, welcher die Rabenäser und die Corbusiers nach seinem Bilde schuf. Mag der Urbanismus auch nie eine Kunst und noch weniger ein Lebensrahmen gewesen sein, so lässt sich dennoch nicht vergessen, dass er sich stets von den Weisungen der Polizei hat inspirieren lassen. (…) Heute aber wird das Gefängnis zum Wohnmodell und die christliche Moral triumphiert unwidersprochen, wenn einem klar wird, dass Le Corbusier die Straße abschaffen will. Denn er ist sogar noch stolz darauf. Sein Programm: ein Leben, das endgültig in voneinander abgeschottete Inseln aufgeteilt ist, in überwachte Gesellschaften; das Ende aller Möglichkeiten zum Aufstand und zur Begegnung; automatische Resignation. (…) Es handelt sich um nichts weiter als ein machtvolles Comeback der schlecht beerdigten alten christlichen Welt.«[68]

67 Zitiert nach Libero Andreotti, *Le Grand Jeu à venir. Textes situationnistes sur la ville*, Éditions de la Villette, 2007, S. 49 und 70

Bulle und Pfaff, das sagten die Lettristen auch bei anderen Gelegenheiten. Debord, damals 22 Jahre alt, »Doktor in Nichts«, wusste 1954 schon Sachen zu sagen, die die wagemutigsten Architekturhistoriker erst ein halbes Jahrhundert später erkannten, und auch gleichermaßen das Thema der Architektur unter dem Zeichen der Überwachung um einige Jahrzehnte vorwegzunehmen.

Ivan Chtcheglov, Mitbegründer der Lettristischen Internationale, dem Debord später die Rolle des »Erfinders« des unitären Urbanismus zuschrieb, hatte noch früher geschrieben: »Wir lassen Herrn Le Corbusier seinen Stil, der geradewegs zu Fabriken und Spitälern passt. (...) Sein Verblödungsvermögen ist immens. Ein Modell von Le Corbusier ist die einzige Vorstellung, die in mir die Idee des unverzüglichen Selbstmords hervorruft.«[69]

In der Folge kam den Situationisten das große Verdienst zu, zu den Ersten zu zählen, die in den 1960ern gegen den neuen Urbanismus protestierten, aber auch seine gesellschaftliche Auswirkung verstanden.

»Wohnen ist das ›Trinkt Coca Cola!‹ des Urbanismus – die Notwendigkeit des Trinkens wird durch die, Coca Cola zu trinken, ersetzt. (...) Indem der Urbanismus den Machiavellismus dem Stahlbeton untermischt, hat er ein gutes Gewissen. (...) Man muss in aller Eile bauen, es gibt so viele Leute, die eine Wohnung brauchen – so die Humanisten des Stahlbetons. Man muss unverzüglich Schützengräben ausheben, sagen die Generäle, das ganze Vaterland wartet auf seine Rettung. Ist es nicht irgendwie ungerecht, jene zu loben, während man sich über diese lustig macht?«, schreibt Raoul Vaneigem im Jahr 1961 in seinen *Anmerkungen gegen den Urbanismus* (Commentaires contre l'urbanisme).[70] Im *Elementarprogramm des Büros für einen Unitären Urbanismus* (Programme élémentaire du bureau d'urbanisme unitaire) spricht er über die »aktuelle Pla-

68 *Potlatch* Nr. 23, in: Guy Debord 2002, op. cit, S. 31f. Der Artikel wurde nicht signiert, aber seine Aufnahme in Debords *Œuvres* lässt annehmen, dass er von ihm verfasst wurde.

69 Ivan Chtcheglov, *Écrits retrouvés* (1953–1954), Allia, Paris 2006, S. 9. (Übersetzung G. W.)

70 *Internationale situationniste* Nr. 6, S. 33 (S. 232 in der Fayardausgabe; Übersetzung G. W.)

nung der Städte, die sich als eine Geologie der Lügen darstellt«, und führt aus: »Der moderne Kapitalismus lässt einen auf jede Kritik verzichten mit dem simplen Argument, man brauche ein Dach über dem Kopf«.[71] Die Situationisten schätzten die drastischen Veränderungen im Urbanismus Frankreichs als eine neue Form des Klassenkampfs ein: Der Staat verjagte die unteren Klassen aus den Stadtzentren, um sie in den Hochhäusern und Blöcken der Vorstädte wie Sarcelles oder La Courneuve zu konzentrieren – und schuf so ein neues Proletariat, das nicht mehr vordringlich in ökonomischen Begriffen definierbar ist und von dem sich die Situationisten erhofften, es würde zum Totengräber des Kapitalismus.

71 Ibid., S. 18 (S. 216 in der Fayardausgabe)

Kapitel 3
Ein verheerender Baustoff

Zwischen 1950 und 2019 ist die Weltproduktion von Zement von weniger als 200 Millionen Tonnen pro Jahr auf 4,4 Milliarden Tonnen gestiegen, das heißt, sie ist in einem Zeitraum von siebzig Jahren um das Zweiundzwanzigfache gewachsen – mit einer dreimal höheren Wachstumsrate als Stahl. Betrachten wir einige Zahlen aus Fernost, wo die Betonwut noch heftiger tobt als anderswo.

Japan wollte nicht hinter Europa zurückbleiben und wurde ein Schulbeispiel einer auf Bauwirtschaft basierenden ökonomischen Entwicklung. Le Corbusier fand dort viele Nacheiferer wie Kenzo Tange und Tadao Andō. Die Beziehungen zwischen Politik, Bauunternehmen und mafiosen Milieus sind hier besonders eng und daher ist die Menge Beton pro Quadratmeter dreißigmal höher als in den Vereinigten Staaten – es gibt dort so viel Beton wie in den gesamten Vereinigten Staaten. Er wird hauptsächlich für die allgegenwärtigen Deiche verwandt, die das Land angeblich vor dem Meer schützen. Während des Tsunamis von 2011 brachen sie allerdings an verschiedenen Stellen. Man begann bald damit, neue, noch höhere aufzurichten – manche erreichten Höhen von zwölf Metern. Sie hindern allerdings die Menschen daran, auf das Meer zu schauen, und es ist bewiesen worden, dass Mangrovenwälder ebenso effizient sein können, um die Auswirkungen von Tsunamis zu mildern.[72]

Wenn China Dämme errichtet …

Aber es ist natürlich China, das alle Rekorde bricht. Seit 2003 hat dieses Land alle drei Jahre mehr Beton verwandt als die Vereinigten Staaten während des gesamten zwanzigsten Jahrhunderts.

72 Jonathan Watts, »Concrete: The Most Destruktive Material on Earth«, op. cit.

Der Drei-Schluchten-Staudamm, das größte Bauwerk der Welt aus Beton, verbrauchte bis zu seinem Bauende 2012 27 Millionen Kubikmeter dieses Materials. Das entspricht mehr als dem Doppelten der Talsperre von Itaipu in Brasilien, die seit den 1980ern die größte der Welt war, und dem Achtfachen des Hoover-Staudamms in den Vereinigten Staaten. Zu seinen Nebeneffekten ist auch die gewaltsame Umsiedlung von fast zwei Millionen Menschen unter verheerenden Bedingungen zu zählen. Aber das macht nichts: Der Geschäftsführer der Dammbaugesellschaft bezeichnete es als »das wichtigste Projekt, das das chinesische Volk seit Jahrtausenden ausgeführt hat«.[73]

Doch die Hybris der chinesischen Führer hält hier nicht inne. Sie haben schon ihr nächstes Projekt auf Schiene gelegt, das das Wasser aus dem Süden Chinas mit Hilfe eines Kanalnetzes in den trockenen Norden befördern soll. Ein Teil der Arbeiten ist bereits zu Kosten von achtzig Milliarden Dollar ausgeführt, was diese Infrastruktur zur teuersten der Welt macht. Nicht weniger als 65 Millionen Kubikmeter Beton wurden bereits gegossen, also mehr als das Doppelte des Drei-Schluchten-Damms. Aber das ist nur der Anfang, denn das Projekt wird erst 2050 abgeschlossen sein – sicherlich mit Auswirkungen auf Umwelt und Bevölkerung, über die zu sprechen in China verboten ist. Am benötigten Zement wird es jedenfalls nicht fehlen. Seine Produktion ist in diesem Land dermaßen gesteigert (dank einer Unmenge kleiner Fabriken, die im Zuge der vorhergehenden Industrialisierungswellen entstanden), dass sich der Regierung das Problem der Überproduktion stellt: 2018 entschied sie, jedwede Ausweitung der Produktionskapazitäten in diesem Sektor zu verbieten, und musste sogar die Produktion reduzieren. Die chinesischen Führer beginnen selbst, vor den Folgen des größten Baubooms der Menschheitsgeschichte Angst zu bekommen. Aber sie haben keine Wahl: Ein Drittel der nationalen Wirtschaft ruht auf Bauprojekten, seien sie nun von Nutzen oder nicht.

Was die Beschleunigung des Betonwahns nicht hindert. Die längste Meeresbrücke der Welt wurde 2018 eröffnet: Sie ist fünf-

73 Amy Hawkins, »The Grey Wall of China: Inside the World's Concrete Superpower«, in: *The Guardian*, 28. Februar 2019

undfünfzig Kilometer lang, verbindet Hong Kong mit Macao und beinhaltet vier künstliche Inseln und einen Tunnel. Diesmal reichten eine Million Kubikmeter Beton und achtzehn Milliarden Euro.

Dann musste sich China natürlich auch den größten Flughafen der Welt leisten, den von Beijing-Daxin, der im September 2019 eröffnet wurde und elf Milliarden Euro kostete. Dabei durfte nicht die Handschrift eines Stars der postmodernen Architektur fehlen, in diesem Fall von Zaha Hadid, aber ebenso wenig die Anwendung eines Systems zur Gesichtserkennung im Inneren des Flughafens. Er soll jährlich zweiundsiebzig Millionen Passagiere aufnehmen, eine Zahl, die in einigen Jahrzehnten nach den Planungen der chinesischen Autoritäten zweihundert Millionen erreichen soll (oder einhundert, nach anderen Quellen, aber man sollte sich nicht in Details verlieren) – wenn der chinesische Kapitalismus bis dahin nicht zusammengebrochen ist.

In seiner Flucht nach vorne hat er die Belt and Road Initiative entwickelt, ursprünglich »Neue Seidenstraße« genannt. Dieses Riesenprojekt zielt darauf ab, China mit einem Großteil der Welt durch terrestrische und maritime Verkehrswege zu verbinden, was Investitionen erfordern wird, die das bisher Gesehene bei Weitem übersteigen werden. Es ist wahrscheinlich, dass sich die internationale Politik in den nächsten Jahren in großem Umfang um dieses Projekt drehen wird: Es wird die Bühne der Auseinandersetzungen zwischen China und den Vereinigten Staaten um die Vorherrschaft in der Welt sein. Im Rahmen unserer Untersuchung genügt die Bemerkung, dass das Unternehmen China National Building Material, der Haupterzeuger von Zement, für dieses Projekt den Bau von hundert Zementfabriken in fünfzig Ländern geplant hat.

Im zweiten Teil seines Faust aus dem Jahr 1831 verkündete Johann Wolfgang von Goethe, Staudämme und Kanäle würden eine ganz besondere Rolle in der Industriellen Revolution spielen, und das auf Kosten eines großen Teils der Menschheit. Um dem Kaiser zu gefallen, lässt der alte Faust unter Mithilfe des Teufels enorme Kanäle graben und Deiche bauen, was die alte Baucis so kommentiert:

»Tags umsonst die Knechte lärmten,
Hack' und Schaufel, Schlag um Schlag;
Wo die Flämmchen nächtig schwärmten,
Stand ein Damm den andern Tag.
Menschenopfer mussten bluten,
Nachts erscholl des Jammers Qual;
Meerab flossen Feuergluten,
Morgens war es ein Kanal.«[74]

Am Ende werden sie und ihr Gemahl Philemon als »unnütze« Wesen beseitigt, zwei Opfer des von Faust verkörperten Fortschritts.

Der Beton erstickt und ertränkt.

Der Beton ist auf der ganzen Welt in astronomischen Mengen vorhanden, die sich in beeindruckendem Rhythmus weiter vervielfältigen. Man könnte sich trotzdem fragen: Wo liegt das Problem? Es geht um kein Material, das sich im Magen von Walen oder im menschlichen Blut wiederfindet, auch um kein DDT, das die Pinguine der Antarktis vergiftet. Es bleibt nicht in der Natur über mehrere Jahrtausende aktiv wie Aluminiumdosen oder radioaktive Substanzen. Es kommt nicht aus Quellen fossiler Energie. Es bleibt nicht an Bäumen hängen. Es ist definitiv nichts anderes als Kalkstein, Ton, Sand, Kies und Stahl, mit ein wenig Wasser gemischt: alles vollkommen unschuldige Materialien.

Und dennoch täuscht man sich, denn der Beton ist stets von Übel, sei es mit oder ohne Stahl, in seiner Anwendung wie in seiner Zusammensetzung. Vor allem deshalb, weil seine Folgen unsichtbar bleiben und externalisiert werden.

Beginnen wir mit Beton in seiner allgemeinen Bedeutung. Man kann vier Hauptprobleme festmachen: die Schädlichkeit für die menschliche Gesundheit; die Folgen des massiven Abbaus von

74 Johann Wolfgang von Goethe, *Faust. Der Tragödie erster und zweiter Teil*, Droemersche Verlagsanstalt, München 1955, Verse 11123–11130, S. 302. In *All That Is Solid Melts Into Air: The Experience of Modernity* (1982) legt Marshall Berman eine beachtenswerte Analyse dieses Teils des *Faust* als Allegorie der Moderne vor, die sich teilweise auf György Lukács' *Goethe und seine Zeit* (1951) stützt.

Sand und Schotter auf ihre natürlichen Umgebungen und deren Bewohner; der Energieverbrauch und der CO_2-Ausstoß (Kohlendioxid oder anhydrider Kohlenstoff, das wichtigste Treibhausgas) beim Brennen des Betons; die Versiegelung des Bodens. Da die Verwendung bestimmter Betonarten bis in die früheste Antike zurückreicht, gibt es diese schädlichen Wirkungen seit Jahrtausenden in unserer Umwelt. Doch die sehr geringe Anzahl von Betongebäuden reduziert diese Schäden fast auf null. Hier aber ist die Schädlichkeit vor allem ein Problem der Menge und der Stufenleiter.

Der Hauptbestandteil des Betons, der Sand, zählt zu den häufigsten Naturstoffen auf der Welt. Er ist trotzdem der Gesundheit nicht immer zuträglich. Die Silikose oder Staublunge, eine irreversible Atemwegserkrankung, die Jahr für Jahr Millionen Menschen auf der ganzen Welt trifft, verdankt sich dem fortdauernden Einatmen von kristallinem Siliziumstaub. Silizium kommt in der Mehrzahl der Mineralien, also überall vor; werden aber beim Einatmen gewisse Grenzwerte überschritten, kommt es zu Krankheiten. Verschiedene Berufssparten sind besonders betroffen, zu allererst die Minenarbeiter, aber auch die Baustellenarbeiter, wenn Beton verwandt wird, vor allem beim Zerkleinern, Schleifen, Sägen und bei Arbeiten mit Sandstrahlgebläsen. Die Mehrzahl der Fälle findet man, nicht gerade überraschenderweise, in China mit seinem maßlosen Gebrauch von Beton und dem Zurückfahren der Schutzmaßnahmen. Auch die Abrisse und kontrollierten Sprengungen verbreiten riesige Mengen von Silikatstaub, der noch andere Krankheiten, wie zum Beispiel Lungenkrebs, hervorrufen kann. Darüber hinaus kann der Zement bei seiner Herstellung wegen des Ätzkalks (Calciumoxid, ungelöschter Kalk), den er enthält, schwere Verletzungen von Haut und Augen verursachen, während sein Chromgehalt Allergien bewirken kann.

Der Beton beeinträchtigt die Gesundheit auf andere Art, wenn er schon an Ort und Stelle verbaut ist. Die Böden aus diesem Material sind klarerweise schlecht für die Haltung. Jeder, der Tag für Tag lange Zeit stehend verbringen muss, wie die Fabrikarbeiter, kann ganz deutlich den Unterschied zwischen einem Betonboden und einer anderen Oberfläche an seinen Füßen, Knien und Hüften nachfühlen: Krampfadern, Arthrosen, Plantaraponeurositis (eine schmerzhafte Entzündung im Fuß) und Entzündungen der Achillessehne beweisen das. Die Ergonomik schlägt als Abhilfe vor, mit kleinen regelmäßigen Bewegungen die Bewegungen dem Boden anzupassen (statt umgekehrt). Man konnte auch beobachten, dass sogar das Vieh in Ställen mit Betonböden dazu neigt, zu hinken und sich nicht normal hinzulegen.

Zusätzlich zu seinen negativen Auswirkungen auf den Menschen beeinträchtigt der Beton das Klima, und das vor allem auf zwei Ebenen: Er ist energieintensiv und trägt zur Erderwärmung bei. Eine Tonne Beton bereitet der Umwelt scheinbar weniger Probleme als eine Tonne Erdöl oder Plastik – es sind vielmehr die astronomischen Mengen an verbautem Beton, die ihn extrem zerstörerisch machen. Er ist, nach dem Wasser, das am meisten auf der Welt verwandte Material, und wenn die Zementindustrie ein Land wäre, wäre sie mit jährlich 2,8 Milliarden Tonnen nach den Vereinigten Staaten und China der drittgrößte Emittent von CO_2.

Der Beton ist je nach Einschätzung für vier bis acht Prozent der CO_2-Emissionen der Welt verantwortlich – jede Tonne Beton verursacht eine Tonne CO_2. Nur Erdöl, Kohle und Erdgas verursachen noch mehr. Die Hälfte stammt aus der Klinkerproduktion, die sehr hohe Temperaturen verlangt. Die Menge an Beton übertrifft wahrscheinlich schon die Menge an Kohlenstoff aller Bäume und Sträucher auf der Welt.[75]

Die Herstellung des Betons – Steine und Schutt zermahlen, Ton und Kalk brennen – verlangt viel Energie und erhöht so den Verbrauch von Erdöl, Atomstrom und Kohle. Sie verbraucht etwa zehn Prozent des auf der Welt verfügbaren Wassers. Im Jahr 2050 werden, folgt man einem Artikel in *Nature*, 75 Prozent dieses Verbrauchs in Gegenden stattfinden, die wenig Wasservorkommen aufweisen. In den großen Städten, wo die Betongebäude die Sonnenwärme und die Abgase der Autos und Klimaanlagen speichern, erzeugen sie, was man »urbane Wärmeinseln« nennt, eine weitere Wohltat, die uns der Fortschritt verschafft.

75 Brian Resnick/Javier Zarracina, »All life on Earth, in One Staggering Chart«, in: *Vox*, 15. August 2018 (www.vox.com/science-and-health/2018/5/29/17386112/all-life-on-earth-chart-weight-plants-animals-pnas).

Wenn man die Wichtigkeit des Klimawandels in den aktuellen Debatten in Rechnung stellt, ist es wenig überraschend, dass es die Frage des CO_2-Fußabdrucks ist, die einige Architekten veranlasst hat, zum Abrücken vom Beton aufzurufen,[76] darunter sogar solche, die der »Schönheit des Brutalismus«[77] ganze Bücher gewidmet haben. Im Allgemeinen setzen sie ihr Vertrauen in die Industrie, die ökologischere Alternativen finden soll. Kann man vom Wolf verlangen, Vegetarier zu werden?

Seit einigen Jahren spricht man viel vom »Anthropozän«. Diese jüngste geologische Epoche – die, in der wir leben – soll durch die Rolle des Menschen charakterisiert sein, die direkt die Geologie beeinflusst (Wüstungen, Ansteigen des Meeresspiegels etc.). Andere haben wohlweislich eingewandt, dass es nicht die Menschheit als solche ist, die die Natur in so großem Maßstab verändert, sondern das kapitalistische Stadium der Menschheitsentwicklung mit seinem ungezügelten Ressourcenverbrauch. Sie haben deshalb den Begriff »Kapitalozän« vorgeschlagen. Mit Recht. Wenn man jedoch in Betracht zieht, dass in hundert Millionen Jahren die geologische Schicht, die der letzten Menschheitsepoche entsprechen wird, noch am Beton und am verrosteten Stahl erkennbar sein wird,[78] muss man auch das Buch (und den Film) Betonzeit (so wie man »Steinzeit« oder »Eisenzeit« sagt) mit dem Untertitel »Ein Pamphlet gegen die Stadtlandschaft und ihre Verbesserungen« in Erinnerung rufen, in dem Lutz Bredlow und das »Büro für anti-utopische Forschungen« in einer von den Situationisten beeinflussten Perspektive das untersuchten, was die kritischsten deutschen Geister, wie der Psychoanalytiker Alexander Mitscherlich, schon früh als den »unwirtlichen Charakter unserer Städte« beschrieben[79] (eine Pionierarbeit aus dem Jahr 1965).

76 www.dezeen.com/2019/09/19/architecture-of-emergency-talk; www.dezeen.com/2019/09/20/concrete-climate-change-architecture-emergency.

77 Man kann dazu Barnabas Calder zitieren, den Autor von *Raw Concrete. The Beauty of Brutalism*, Penguin, London 2016.

78 Robert Courland, *Concrete Planet: The Strange and Fascinating Story of the World's Most Common Man-Made Material*, Prometheus, New York 2011, S. 14. Es handelt sich um eines der vollständigsten Bücher zum Thema.

79 Alexander Mitscherlich, *Die Unwirtlichkeit unserer Städte. Anstiftung zum Unfrieden*, Suhrkamp, Frankfurt a. M. 1965.

Der Beton trägt auch in großem Ausmaß zur Unfruchtbarkeit der Böden bei. Wie es bei Jonathan Watts heißt: »Der Beton begräbt weite Flächen fruchtbaren Bodens unter sich, verstopft Flüsse, erstickt Lebensräume und macht – wie durch eine zweite Haut, die so hart wie Gestein ist – uns unempfindlich für alles, was sich außerhalb unserer städtischen Festungen abspielt.«[80] Der Beton schiebt sich wie eine Panzerung zwischen die Bewohner und den Erdboden und macht sie für seine Ansprüche gleichgültig: »Es sind nur Viadukte, Brücken und Tunnels, die in einer halluzinierenden Abfolge unsere traditionelle Vorstellung von Landschaft zu Gunsten einer Art symbiotischer Durchdringung mit dem geologischen Träger der Fahrbahn verschwinden lassen«, notiert in Bezug auf Autobahnen ein Autor, der gleichzeitig Morandi und den Beton überhaupt bewundert.[81] Die Oberflächen aus Beton und Asphalt, die so leicht herzustellen sind, zerstören die natürliche Infrastruktur, ohne die ökologischen Funktionen zu ersetzen, von denen die Menschheit abhängt, was Fruchtbarkeit, Bestäubung, Kontrolle der Gezeiten, Produktion von Sauerstoff oder Reinigung der Gewässer betrifft. Sie tragen durch die Umwandlung von unberührter Natur in landwirtschaftliche Flächen, Industriezonen und Wohngebiete zur Verminderung der Biodiversität bei. Die immer heftigeren Überschwemmungen, die nun regelmäßig zahlreiche Länder treffen, sind bekanntlich zu einem Gutteil die Folge der Versiegelung des Bodens, die das schnelle Abfließen des Wassers verhindert. So nimmt in Italien die betonierte Fläche jedes Jahr durchschnittlich um 52 Quadratkilometer zu – etwa zwei Quadratmeter pro Sekunde. Nach jeder Hochwasserkatastrophe beklagt man die »übermäßige Versiegelung durch Beton«, um das Ganze sogleich wieder zu vergessen. Die spektakulären Überflutungen von New Orleans (Hurrican Katrine, 2005, fast zweitausend Tote) und Houston (Hurrican Harvey, 2017) waren von einer seltenen Gewalt, weil die Straßen das Wasser nicht versickern lassen konnten

80 Jonathan Watts, »Concrete: the Most Destructive Material on Earth«, op. cit. (Übersetzung G. W.)

81 Cyrille Simonnet, *Morandi à Gênes. Autopsie d'un pont*, Parenthèses, Marseille 2019, S. 57

und die Deiche aus Beton sich als ungeeignet erwiesen, derart extremen klimatischen Umständen standzuhalten. Die Flüsse in ihren Zwangsjacken aus Beton, deren Bett für die Betonproduktion oft ausgebaggert wird (und die also zwiefach unter diesem Baustoff leiden …), sind die ersten Opfer und treten bei jedem kleinen Hochwasser über die Ufer.

Für ein wenig Sand

»Wie Sand am Meer«, diese Redewendung aus der Bibel (1 Moses 22,17: wie Sand am Ufer des Meeres) beschreibt eine nahezu unendliche Menge und ist in verschiedenen Sprachen sprichwörtlich geworden. Und dennoch: Der Sand ist eine wertvolle Ressource geworden, die sogar mörderische Konflikte auslösen kann. Der Beton, der vor allem Sand braucht, hat dieses Wunder vollbracht. Im Kapitalismus werden die schlichtesten Sachen selten und teuer. Der Sand ist in die Hölle des Extraktivismus eingetreten. Dieser versinnbildlicht stofflich, dass die Warengesellschaft in ihrer finalen Phase alles in den Kessel der Verwertung wirft, um sich noch eine kleine Verlängerung ihres ohnehin schon am Tropf hängenden »Lebens« zu sichern. Vierzig Milliarden Tonnen Sand und Kies werden jedes Jahr weltweit abgebaut, großteils für die Produktion von Beton. Innerhalb von dreißig Jahren hat sich die Nachfrage mehr als verdreifacht.

Man spricht nicht viel darüber, aber überall auf der Welt werden Flüsse und Strände geplündert und Wälder und Anbauflächen verwüstet, um dieses neue Gold zu gewinnen. Der Wüstensand ist im Allgemeinen ungeeignet, da seine Körner, die vom Wind und nicht vom Wasser abgeschliffen sind, zu rund sind, um sich untereinander zu verbinden. Daher importiert die Stadt Dubai, die von Wüsten umgeben ist, Sand aus Australien, um die künstlichen Inseln für ihr Wachstum aufzuschütten.

In zahlreichen Seen wurde mit drastischen Folgen sowohl für die Umwelt als auch für die Subsistenztätigkeiten der lokalen Bevölkerung der Wasserspiegel abgesenkt. Der größte See Chinas, der See von Poyang, ist gleichzeitig das größte Sandabbaugebiet der Welt. Die Menge, die daraus gewonnen wird, ist größer als die der drei größten Minen der Vereinigten Staaten zusammen. Dort wird jährlich fast eine Million Tonnen Sand abgebaut,[82] der dann von einem Eck der Welt zum anderen versandt wird. Der Stadtstaat Singapur importiert Sand aus Indonesien und Indochina in einem Ausmaß, dass er der weltweit größte Importeur von Sand geworden ist. Die Folgen sind überall zu bemerken: Ganze Strände sind verschwunden, Brücken stürzen ein, weil ihre Fundamente untergraben werden, zwei Dutzend indonesische Inseln gibt es einfach nicht mehr.

Sicher bestehen Regulierungen und einige Länder wie Indonesien, Malaysia und Vietnam haben den Export von Sand eingestellt oder limitiert. Aber das ändert nichts an der Lage: Der Abbau von Sand ist in zahlreichen Ländern zu einem der großen Erwerbszweige der Mafias geworden und hält einen riesigen Schwarzmarkt am Leben. Der Großteil des Abbaus außerhalb der westlichen Welt spielt sich in völliger Illegalität ab oder übersteigt dank der Korruption der Behörden bei Weitem die Quoten. Die dramatischste Lage finden wir in Indien, wo der Bauboom veritable »Sandmafias« entstehen ließ, die gnadenlos die Mitglieder ihrer Rivalengangs töten wie auch Einwohner, die sich den Baggern widersetzen, die ihre lokalen Wirtschaften wie Ackerbau oder Fischfang zerstören. Nach dem Tod von einigen Hunderten bildeten sich mehrere Verteidigungsgemeinschaften, deren Märtyrer manchmal die Aufmerksamkeit der Medien erlangten.[83] Algerien, Marokko, Senegal, Jamaika und die Malediven zählen gleichfalls zu den von dieser neuen Geißel am meisten getroffenen Ländern.

Die Verbindungen zwischen organisiertem Verbrechen und Beton beschränken sich nicht auf den Sand. Auch wenn man die Verantwortung dafür nicht seiner stofflichen Zusammensetzung

82 »Pénurie de sable: pourquoi nous allons devoir bientôt y faire face« (Sandmangel: Warum wir uns bald damit auseinandersetzen müssen), in: Mr Mondialisation, 19. April 2018 [https://mrmondialisation.org/penurie-de-sable]. Die Informationen, die in der Folge über den Sandhandel zitiert werden, stammen alle aus diesem Artikel. Man erfährt darin, dass zweihundert Tonnen Sand nötig sind, um ein Haus zu bauen, und dreißigtausend Tonnen für einen Kilometer Autobahn.

83 Vince Beiser, »Sand Mining: the Global Environmental Crisis You've Probably Never Heard of«, in: *The Guardian*, 27. Februar 2020.

zurechnen kann, auch wenn man zugesteht, dass Bauen mit anderem Material zu denselben Erscheinungen führen kann, ist es doch recht bemerkenswert, dass da, wo es Beton gibt, es auch Korruption, Lobbys und Wild-West-Kapitalismus gibt. In Frankreich zeigt sich das am allgegenwärtigen Unternehmen Vinci.[84] In Lateinamerika sind die größten Korruptionsskandale im Allgemeinen mit öffentlichen Arbeiten verbunden: Es genügt, in Brasilien die Karriere des verrufenen Paulo Maluf (man spricht von mehr als zweihundert Millionen Dollar, die er illegal eingenommen hat) und das Unternehmen Odebrecht zu erwähnen, das etwa eine Milliarde Dollar an Schmiergeldern quer durch Lateinamerika verschoben und so, nachdem der Skandal offenbar wurde, zum Sturz der Regierungen der Arbeiterpartei (PT) Brasiliens und zur Inhaftierung aller ehemaliger Präsidenten Perus beigetragen hat. Und es ist vielleicht nicht die Schuld des Betons, aber dennoch bemerkenswert, dass die Mafia so gerne ihre Leichen im Beton von Fundamenten verschwinden lässt.

Eine eiserne Verbindung

Bis jetzt haben wir die Nachteile des Betons als eines mineralischen Gemischs betrachtet. Aber wie wir oft betont haben, ist seine große Verbreitung in der Welt an seine gefährliche, aber fruchtbare Verbindung mit dem Stahl gebunden. In seiner armierten Form erstrecken sich die Folgen des Betons nicht nur auf Gesundheit und Umwelt, sondern auch auf die Baukunst selbst. Über die Anwesenheit von Eisen im Mauerwerk ist schon sehr früh gestritten worden. Schon 1561 schrieb der französische Architekt Philibert de l'Orme in seinen *Nouvelles Inventions pour bien bâtir*, dass er »ein großes Übel auf die Bauwerke« zukommen sehe, »indem Eisen in das Mauerwerk und die großen Steine gebracht wird: Denn das Eisen rostet, wird dabei dicker und zerbricht die Steine und Mauern, die nicht lange standhalten können.«[85] Es handelte sich offensichtlich nicht um Stahlbeton, sondern um Strukturen aus Eisen,

84 Siehe Nicolas de La Casinière, *Les Prédateurs du béton. Enquête sur la multinationale Vinci*, Libertalia, Montreuil 2013.

85 Zitiert bei Jacques Fredet, *Maisons de Paris*, op. cit., S. 52

die mit Stein oder Ziegel kombiniert werden. Aber das Problem ist dasselbe: Stahl und Eisen rosten beim Kontakt mit Feuchtigkeit. Darüber hinaus haben das Gestein und das Metall nicht denselben Ausdehnungskoeffizienten und verhalten sich ganz allgemein sehr verschieden.

> »Die Hauptschwäche des Stahlbetons liegt in der möglichen Korrosion seiner Armierung, und sie ist es, die ihn ruiniert (Oxidation und Auflockerung des Eisens, besonders wegen Mängeln der Ummantelung, Sprüngen und Brüchen des Betons). (...) Leider ist es schwierig, den Schäden vorzubeugen, die bei Bauwerken aus Stahlbeton an den Teilen auftauchen, die außen täglichen und jahreszeitlichen hygrothermischen Veränderungen ausgesetzt sind, wobei deren Inneres in direktem Kontakt mit einer Umgebung ist, deren Temperatur weitgehend konstant bleibt. Die Mängel an der Ummantelung der Armierungen oder der Zusammensetzung des Betons gesellen sich zu den thermischen Erschütterungen, was die Schwundrisse und das Abblättern der Verkleidungen vermehrt; heimliche Sickerpfade, die früher oder später die Gebäude schwächen.«[86]

Wie dick die Ummantelungen auch sein mögen, Risse tauchen im Lauf der Zeit im Beton auf und erlauben dem Wasser, bis zum Eisen vorzudringen, das oxidiert, sich mit Rost aufbläht und das Gebäude teilweise oder ganz zum Einsturz bringt. *Gutta cavat lapidem.* »Siebzig Prozent der Schäden am Beton verdanken sich der Korrosion«,[87] schreibt ein Fachmann. Das weiß man. Das Problem ist, sich dessen gewahr zu werden und dem dann abzuhelfen, was in keiner Weise leicht ist und sich dazu als teuer erweist.

Die thermischen Unzulänglichkeiten des Stahlbetons bringen zwei weitere Perlen des modernen Lebens mit sich: thermisches Isoliermaterial, wie etwa die Glaswolle, und die Klimaanlagen – eine

86 Jacques Fredet, *Les Maisons de Paris*, Bd. II, op. cit., S. 93 und S. 98 (Übersetzung G. W.)

87 Cyrille Simonnet, *Morandi à Gênes*, op. cit., S. 111

der unnötigsten und schädlichsten Erfindungen der Menschheit, die unbekannt war, als man noch zu bauen wusste. *Der klimatisierte Alptraum* (1945) von Henry Miller – selten war ein Titel angebrachter! Es war einer der Geniestreiche der freien Marktwirtschaft, nach dem Wasser auch die Luft zum Atmen in eine Ware verwandelt zu haben. In seiner »maison à respiration exacte« (Haus mit exakter Atmung) wollte Le Corbusier die Fenster durch hermetische Glaspaneele ersetzen, sogar in Lateinamerika. Kritikern antwortete er mit diesem Satz: »Was das Lüften betrifft, werden wir schon sehen.« Eine »interne« und mechanisierte Luftzirkulation sollte einen Wohnraum schaffen, der vor der Außenwelt, dem Lärm, dem Staub, vor allem geschützt war – selbst gegen den erklärten Willen der betroffenen Bewohner. In der »Cité de refuge«, die er 1933 in Paris für die Heilsarmee gebaut hatte, experimentierte er zum ersten Mal »in corpore vili«, also an »unwertem Leben«, mit »air pulsé«, mit Umluftheizungen, und erzeugte eine erstickende Hitze selbst in der Krabbelstube, bis ihm die Behörde vorschrieb, sofort Fenster einzubauen, die sich öffnen ließen.[88]

Und man will uns glauben machen, dass man vor dieser Erfindung im Sommer vor Hitze sterben musste! Man hat sich viel Mühe gegeben, all die traditionellen Mittel vergessen zu lassen, mit denen die Temperatur geregelt werden konnte: von der Isolierung dank Stroh- oder Rieddächern bis hin zu den erfrischenden Wasserkanälen der arabischen Paläste; im Palast La Zisa in Palermo aus dem zwölften Jahrhundert kann man noch das ausgeklügelte Belüftungssystem bewundern, wo sich die Luft abkühlt, während sie an großen Wasserbecken vorbeigeleitet wird. Ein anderes Beispiel kommt aus Pakistan, wo auf dem Dach angebrachte Stoffbahnen im Sommer den Wind in das Innere der Häuser ableiten.[89] Die Covid-19-Epidemie vom Jahr 2020 hat das Augenmerk auf die Rolle der Klimaanlagen bei der Verbreitung von Viren und Bakterien gelenkt. Als Folge davon wird es möglicherweise eine Ver-

88 Olivier Barancy, *Misère de l'espace moderne*, op. cit., S. 63–70

89 Bernard Rudofsky, *Architektur ohne Architekten. Eine Einführung in die anonyme Architektur* [1964], Residenz, Salzburg, Wien 1989, ohne Seitengabe, zu den Fotos 113–115.

minderung ihres Gebrauchs geben, vor allem in Büros. Aber in Gebäuden, die über keine andere Art der Temperaturregulierung verfügen, wird es heiß werden!

Die römischen Bauten aus Beton, die noch nach zweitausend Jahren stehen, vor allem die Brücken, ließen die modernen Architekten und Ingenieure glauben, dass sie mit denselben Leistungen reüssieren könnten, wenn sie das »Geheimnis« des römischen Betons entdeckten.[90] Wie wir gesehen haben, verkaufte James Parker seine Erfindung unter diesem Namen. Der Beton war also mit einer Vorstellung von äußerster, quasi ewiger Langlebigkeit verbunden.[91] Keine sich lösenden Steine. Feuerfest. Praktisch keinerlei Instandhaltung nötig. Dann aber wurde die Propaganda weniger vollmundig. Während der großen Betonwelle der 1960er, die unter anderem die Morandibrücke hervorgebracht hatte, waren die Architekten noch voller Stolz auf ihre Bauten, die – wie sie glaubten – ein Jahrhundert halten würden (also ein doch schon recht zurückgenommener Anspruch im Vergleich zu den Erbauern des römischen Pantheons). Heute weiß man, dass der Großteil der Stahlbetonkonstruktionen höchstens fünfzig Jahre halten wird. Das ist die kürzeste Lebensdauer unter all den wichtigen Baustoffen, abgesehen von Kunststoffen und anderen Erdölderivaten, die auch im Innenausbau verwandt werden. Jenseits dieser Lebensdauer erfordern diese Bauten andauernde Instandhaltungsarbeiten, die teurer zu werden drohen als Abriss und Neubau.

Heutzutage wird kaum ein Produkt so lange benutzt, wie es technisch möglich wäre. Man muss die Schuhe wie die Autos so oft

90 Es gibt kein »Geheimnis«. Es ist schlicht so, dass nicht armierter Beton länger hält als der mit Stahl verstärkte. Aber seine Anwendung hat enge Grenzen. Darüber hinaus waren die Mauern fünf- bis zehnmal dicker als die aus heutigem Beton (von Kernkraftanlagen abgesehen).

91 Die Marke Eternit, die in zahlreichen Ländern das Quasimonopol auf Asbestzement hatte und in vielen Ländern, darunter Italien, ein Synonym dafür wurde, leitete ihren Namen (Patent von 1901) von seiner angeblich ewigen Haltbarkeit her (lat. aeternitas für Ewigkeit). Diese »Ewigkeit« kostete Millionen Menschen das Leben und wird jetzt überall und mit großen Kosten abgerissen (aber offensichtlich denkt niemand daran, die Fabrikanten dafür zur Kasse zu bitten, obwohl die ersten Zweifel über die Schädlichkeit von Asbest schon in den 1920ern geäußert wurden).

wie möglich neu kaufen – sonst läuft der Einzelne Gefahr, modisch nicht auf dem Laufenden zu sein, und die Produktion des Kapitals, zu verlangsamen. Das ist das Phänomen der *vorprogrammierten Obsoleszenz*, worüber sich nunmehr alle beklagen, selbst die, die davon leben. Dazu kommt die Unmöglichkeit, die Mehrzahl der Dinge reparieren zu können. Wer wird schon einen Toaster reparieren lassen, der so viel wie ein Mittagessen in einem billigen Restaurant gekostet hat, wer wird schon seine Socken mit einem Stopfholz flicken? Dennoch kann uns die programmierte Obsoleszenz überraschen, wenn es sich um Gebäude handelt. Die Verbindung von Bauwerken und einer sehr langen Dauer, um nicht zu sagen: einer ewigen, ist in den Köpfen geblieben. Wer eine Wohnung erwirbt, tut dies oft mit der Vorstellung, seinen Erben etwas im Unterschied zu fast allen anderen Dingen Solides und Dauerhaftes hinterlassen zu können. Aber auch die Bauwerke vergehen, vor allem die aus Beton. Und wieder einmal fasst Jacques Fredet die Lage gut zusammen:

> »Die Lebensdauer der Bauwerke nimmt ab. Das frühere Überangebot an tragenden Teilen, die untereinander relativ autonom waren, verringert traditionellerweise den zeitbedingten Verschleiß durch Berücksichtigung verschiedener Formen von gebrauchsbedingter Veränderung und Unordnung. Dieser Überschuss erlaubt es gleichzeitig, eine Menge von Unwägbarkeiten zu ertragen, deren Vielfalt nicht rationalisierbar oder berechenbar ist und es wahrscheinlich nicht einmal sein soll, was immer auch die Verfechter einer vollständigen Kontrolle der Baukonzepte durch binäre Logik davon halten mögen. Und die Geschichte zeigt ja, dass die vordringlichste stoffliche Qualität eines Gebäudes die der Dauer ist (man schlage bei Vitruvius und der Bedeutung des Prinzips der firmitas nach). (…) Das Gebäude neigt von nun an dazu, als ein schlichtes funktionelles Instrument gesehen zu werden, das nach seiner erfüllten Aufgabe, seine Gestehungskosten zu amortisieren, zum Abfall wird – es geht seines Aspekts angehäufter gesellschaftlicher Inhalte, ehedem ein Formelement der historischen Stadt, verlustig. Die – manifeste oder latente – symbolische Funktion des

Gebäudes verschwindet in der Versenkung. Die vorindustrielle Stadt mit ihrem ländlichen Territorium weicht der modernen Agglomeration, die auf neuer territorialer Stufenleiter als eine Infrastruktur zur Ausstattung der Industrieproduktion angesehen wird; die Gebäude, vor allem die Wohnhäuser, stellen einen periodisch erneuerbaren Überbau dar (programmierte Obsoleszenz verbunden mit Utilitarismus).«[92]

Sicherlich ist die Obsoleszenz für die kein Problem, die alles verabscheuen, was alt ist. Wir haben schon gesehen, dass der Futurist Sant'Elia rasante Zyklen von Herstellung und Zerstörung prophezeit hat. In seinem Buch *Destruction de Paris* vom Jahr 1941 zeichnet der französische Schriftsteller Georges Pillement das Bild eines Ingenieurs und Vermessers, Chefplaners von Paris, der für die Abgrenzung »unhygienischer Häuserblöcke« zwecks Schaffung neuer Bauflächen verantwortlich ist, was die Absiedelung ihrer Bewohner mit sich zieht: »Herr Mestais (...) ist ein Pariser, der glaubt, Paris zu lieben, der aber den Traditionen seiner Vorgänger oder den Anordnungen folgt, die man ihm gibt. (...). Er ist überzeugt, dass jedes Haus, das älter als hundert Jahre ist, aus all seinen Poren die Bakterien ausschwitzt, und dass man dort je eher an Tuberkulose stirbt, je älter das Haus ist.« 1957 kündigte der Präfekt des Bezirks Seine an, dass »das Kriterium zur Renovierung von Wohnblöcken eher in der Überalterung und dem schlechten Gebrauch als in den hygienischen Bedingungen zu suchen ist.«[93]

Was bleibt von unserem Beton?

Wenn die Stahlbetonbauten so schnell abgerissen werden müssen, stellt sich verstärkt das Problem des *Mülls*. Was tun mit dem Abfall? Und wieder einmal ist es dem Beton gelungen, die Aufmerksamkeit nicht zu sehr auf sich zu lenken. Müll aus Kunststoff, Glas, Metall, selbst die immer zahlreicheren Batterien sind in den Diskussionen präsenter, ganz zu schweigen vom Atommüll. Aber

92 Jacques Fredet, *Les Maisons de Paris*, Bd. I, op. cit., S. 134–135 (Übersetzung G. W.).

93 Zitiert in Jacques Fredet, ibid., S. 142.

man irrt sich auch hier: Sich des Betonmülls zu entledigen, ist ein veritables Problem. China produziert jährlich zwei Milliarden Tonnen Bauschutt. Hier wie auch anderswo landet der Großteil (und ein Viertel davon ist Stahlbeton) im besten Fall auf der Deponie oder wird einfach irgendwo abgeladen.

Die Wiederverwertung des Betons ist möglich, aber das ist eher die Ausnahme denn die Regel. Man kann große Unterschiede zwischen den Ländern beobachten: In Brasilien wird weniger als ein Prozent wiederverwertet, kaum zehn Prozent sind es in China, Finnland, Griechenland und Zypern, bis man bei neunzig Prozent in Japan und einigen europäischen Ländern landet. Jedoch entspricht diese Wiederverwertung dem, was man »downcycling« nennt. Das heißt, der aufbereitete Betonmüll dient als Füllmaterial für Autobahnen (als Straßenschotter), während man im Allgemeinen für den Hausbau weiterhin frisch fabrizierten Beton nimmt. Es ist schwer, den Stahl vom Beton zu trennen, und die Wiederaufbereitung wird in der Mehrzahl der Fälle als »unwirtschaftlich« angesehen. Und man kommt nicht umhin festzustellen, dass in allen Bereichen nicht die Unternehmen die Umweltkosten ihrer Tätigkeiten tragen.

Nicht mehr benutzbare Stahlbetonbauten werden nicht überall abgetragen und ihr Schutt nicht immer irgendwo abgelagert oder aufbereitet. Sehr oft bleiben sie als mehr oder weniger baufällige Ruinen einfach stehen. Es gilt für den Beton das gleiche wie für fast alle Produkte und Produktionsstätten des industriellen Zeitalters: eine sehr kurze Lebensspanne und nahezu ewige Folgeerscheinungen. Im Fall der Stahlbetonbauten kommt zu dieser unerwünschten Zeitdauer noch ein zweiter spezifischer Aspekt hinzu: die Hässlichkeit der Ruinen, die sie hinterlassen. Die revolutionären Bewegungen vergangener Zeiten betonten oft, dass sie nur Ruinen erben würden. So erklärte der spanische Anarchist Buenaventura Durruti 1936, dass

> »wir keine Angst vor Ruinen haben. Wir können auch bauen. Wir haben doch die Paläste und Städte in Spanien, Amerika und sonst wo gebaut. Wir, die Arbeiter, können Städte bauen, um sie zu ersetzen. Und wir werden sie besser bauen. Deshalb haben wir keine Angst vor Ruinen. Wir werden die ganze Welt

erben. Die Bourgeoisie kann gern ihre eigene Welt sprengen und abreißen, bevor sie von der Bühne der Geschichte abtritt. Wir tragen in unseren Herzen eine neue Welt.«[94]

Heute ist nichts als Ruinen zu erben zu einer absolut entsetzlichen Aussicht geworden!

Die Ruinen haben in der europäischen Kultur eine fundamentale Rolle gespielt, und das nicht nur in der Romantik. In Europa stützt sich bekanntlich der Bezug zu früheren Zeiten auf die materiellen Überreste vergangener Zeiten – anders als in China und anderen Ländern. Es handelt sich dabei nicht nur um Ruinen berühmter Bauten wie des Forum Romanum oder der Burg Peyrepertuse in den Pyrenäen. Zahlreiche Menschen empfinden eine »ästhetische Erfahrung« auch, wenn sie ein altes, von Efeu überwachsenes, verfallenes Bauernhaus mitten im Wald sehen. Was als besonders faszinierend erscheint, ist oft die Wiederaneignung des Gebauten durch die Natur, die Rückkehr des von Menschen Gebrauchten zu seinem früheren Zustand unter dem Einfluss von Wind und Wetter: die behauenen Steinen, die ihre Kanten und Ecken verlieren und wieder runden Feldsteinen ähneln, die Balken, die wie abgestorbene Bäume morsch werden, die Ziegel, die zerbröckeln und sich mit der Erde mischen. Die modernen Materialien – Beton, Stahl, Glas, Plexiglas, Kunststoffe, Gummifliesen, Glaswolle, Faserzement, Wellblech – kehren niemals in einen natürlichen Zustand zurück, außer in Zeiträumen, die sich nur geologisch bemessen. Fast alle werden zustimmen, dass ihre Reste furchtbar anzusehen sind. Selbst dem fanatischsten Anhänger des Modernismus wird es schwerfallen, sich für einen Hangar aus Beton, Asbest oder Wellblech zu begeistern, der in Stücke fällt.[95] Wie

94 Interview mit der kanadischen Tageszeitung *Toronto Daily* vom 18. August 1936, zitiert in Abel Paz, *Durruti. Le peuple en armes*, Éditions de la Tête de Feuilles, Paris 1972, deutsch: *Durruti. Leben und Tode des spanischen Anarchisten*, Nautilus, Hamburg 1994.

95 Es gibt allerdings die »Industriearchäologie«, die das »industrielle Erbe« erhalten möchte, ebenso wie eine eigene Abteilung der Photographie, halb dokumentarisch, halb künstlerisch, die als Sujet moderne aufgegebene Einrichtungen und Gebäude hat und auch unter Amateur-

gesagt, sind es die zerfallenden und verrotteten Stahlbetongebäude von Chandigarh, die das wahre Gesicht der Architektur Le Corbusiers zeigen, und nicht ihr Aussehen am Tage der Eröffnung. Jemand, der sich auf Bearbeitungssoftware wie Photoshop versteht, sollte einmal zeigen, wie eines Tags die Cité Radieuse in Marseille, das Centre Pompidou in Paris oder das Guggenheim-Museum in Bilbao aussehen werden.

Anders gesagt, die Ruinen, die diese Zivilisation zurücklassen wird, entsprechen deren Mitteln und Ambitionen. Die Bauten der Antike wurden durch einige Jahrhunderte hindurch ihrer Funktionen gerecht, aber ihre Ruinen erfreuen ungebrochen die Kunstliebhaber! Ihre *venustas* (Anmut) und zum Teil ihre *firmitas* haben ihre *utilitas* bei Weitem überlebt.

Die unvollendeten und verlassenen brutalistischen Bauten gereichen hingegen oft den Photographen zur Freude. Was das betrifft, findet man im Internet wahre Wettbewerbe, die für sich sprechen. Das St Peter's Seminary in Schottland, Werk der Brutalisten Isi Metzstein und Andy MacMillan von der Agentur Gillespie, Kidd & Coia, scheint dafür eine Art Vorbild zu sein.[96] Niemand will es, nicht einmal umsonst! Oft verfallen Gebäude schon vor ihrem Erstbezug zur Ruine. In Spanien wurden während der Immobilienblase in den 2000er-Jahren ganze Städte gebaut. Wenn es Nacht wird, kann man dort heute ein einziges erleuchtetes Fenster inmitten einer Ansammlung von Wohnhäusern mit zehn Stockwerken sehen ... Pittoresker sind die türkischen Talmischlösser: Das Projekt Burj al Babas in der Nähe von Mudurnu besteht aus mehr als siebenhundert Nachahmungen von Loireschlössern (von den Ausmaßen eines größeren Hauses und im Stil von Disneyland), die für eine reiche Kundschaft bestimmt sind. Aber die Firma hat vor der Eröffnung Pleite gemacht und es ist mehr als wahrscheinlich, dass das Ganze ziemlich schnell zur Ruine verkommt.

photographen sehr beliebt ist. Die Beziehung zur Ruinenästhetik erscheint hier recht vielfältig, da paradox: Es geht darum, einen ästhetischen Wert in dem zu finden, was üblicherweise als hässlich angesehen wird. Wir befinden uns also eher auf dem Feld des *trash*.

96 https://www.dezeen.com/2019/01/15/brutalist-st-peters-seminary-ruin-news-uk

Die Unzukömmlichkeiten des Stahlbetons sind heute besser bekannt als vor vierzig Jahren und werden von einem Gutteil der »Experten« auch zugegeben. Dennoch lautet die Antwort selbst der kritischsten Geister nie oder fast nie, zum Verzicht auf seine Verwendung aufzurufen. Wie es angesichts der ökologischen Krise so oft der Fall ist, möchte man in denselben Gleisen verbleiben, aber auf eine Art weitermachen, die eher herzeigbar ist. Auf gut Deutsch nennt man das *greenwashing*.

Da die Stahlbetonfirmen nicht die Augen davor verschließen können, dass ihr Produkt sich nicht mehr des unbefleckten Rufs erfreut, den es in den schönen Tagen der Begeisterung für Fortschritt genoss, versuchen sie, ihren Baustoff »grün zu waschen«, oft im buchstäblichen Sinn. Sie bemühen sich gleichfalls, den Beton vom Brutalismus, von billigem Wohnraum und Standardlösungen zu trennen. So schlagen die Projektentwickler oft den Kunden eine Basisversion für ihre Wohnung vor, die sie dann nach Belieben ausstatten können – das ist die *customisation* (personelle Bedarfsdeckung) oder »Individualisierung«.

Die Existenz solcher Möglichkeiten besagt nicht, dass sie in großem Rahmen angewandt werden. Sie sind oft teurer oder energieaufwendiger. Der traditionelle Beton ist so billig und so leicht zu verarbeiten, dass die Industrie wenig geneigt ist, ihn aufzugeben, und sei es nur zum Teil. Aber auch wenn einige Betonbarone begonnen haben, weniger energielastige Techniken anzuwenden, wird diese Verringerung des Energieverbrauchs in hohem Maß durch den Anstieg des Betonverbrauchs und dadurch wieder des Energieverbrauchs in den »Schwellenländern« kompensiert. Es jagen Vorschläge einander, die nie funktionieren werden, aber für ein gutes Gewissen sorgen: zum Beispiel eine Betonsteuer, ähnlich einer CO_2-Steuer. Sie würde genauso gute Auswirkungen haben wie all die anderen so genannten Verschmutzungsrechte.

Die Antwort kann genauso wenig in »grünen Häusern« bestehen, die mit alten Autoreifen wärme- und schallisoliert werden. Diese Lösung erinnert an die Idee, Uferböschungen eines Flusses mit alten Autowracks zu befestigen, was seinerzeit Bernard Charbonneau gerügt hat![97]

Angesichts der Tatsache, dass selbst die Perspektive eines »ökologischen« oder »alternativen« Betons wenig versprechend ist, treten Leute auf, die die »Bürger« dazu »aufrufen, ihre Beteiligungen« an denjenigen Zementindustrien »zurückzuziehen«, die sich nicht genügend dafür einsetzen, ihre Emissionen zu reduzieren. Sollten es also die kleinen Aktionäre sein, die den Planeten retten werden? Wäre es da nicht am Ende vernünftiger, Umzüge zur Verehrung irgendwelcher Heiliger zu organisieren?

Wir haben eine Reihe von Problemen erwähnt, die durch den Stahlbeton und selbst den Beton ohne Stahl entstehen. Aber seine schwerste Sünde könnte die sein, die man ihm sonst als sein größtes Verdienst anrechnet, nämlich die moderne Architektur möglich gemacht zu haben. Dem widmet sich das folgende Kapitel.

97 Bernard Charbonneau, »Ce fut un cours d'eau …« (1990), in: *Le Totalitarisme industriel*, L'échappée, Paris 2019, S. 122

Kapitel 4
Bauen ohne Beton und ohne Architekten

Was hat der Stahlbeton ermöglicht? Seine Verteidiger sagen, dass er »in architektonischer Hinsicht neue Prinzipien im Design eingeführt und Bauwerke wie die Schalen der Oper von Sydney oder die Hängekuppel des von Oscar Niemeyer entworfenen Museums zeitgenössischer Kunst in Brasilien ermöglicht hat – Bauwerke, die wegen ihrer Formen, die man früher nicht verwirklichen konnte, oft als revolutionär beschrieben werden«.[98] Man kann darüber streiten, ob die erwähnten Bauwerke die Aufmerksamkeit verdienen, die man ihnen üblicherweise zukommen lässt. Sicher ist, dass sie nur einen winzigen Teil der Stahlbetonbauten auf der Welt ausmachen. Eine solche Argumentation entspricht in etwa der Behauptung, die Entwicklung der Atombombe habe auch ein (angeblich) positives Ergebnis erbracht, nämlich die Entdeckung des Teflons für unsere Pfannen.

Vielmehr muss man sich folgende Frage stellen: Was ist gerade wegen des Betons *verschwunden*? Was hat er ver*unmöglicht* – nicht grundsätzlich, aber faktisch? Was hat er ersetzt? Welche Rolle hat er beim Verlust des Fachwissens und beim Niedergang des Handwerks am Bau gespielt? Wie viel an Fähigkeiten und Kompetenzen auf dem Gebiet des Bauens sind wegen des Betons und seiner leichten Handhabbarkeit verloren gegangen?

Natürlich besteht nicht immer eine direkte Verbindung zwischen dem Beton und den modernen Hässlichkeiten. Wir werden hier nicht wie die englische Geographin Alice Coleman urteilen, die in ihrem Buch *Utopia on Trial*[99] den Beton und die damit errichteten Gebäude anklagt, die einzigen Verantwortlichen für die

98 Adrian Forty, »›Concrete? It's Communist!‹ The Rise and Fall«, op. cit.
99 Alice Coleman, *Utopia on Trial: Vision and Reality in Planned Housing*, Hilary Shipman, London 1985.

Kriminalität und das »asoziale« Verhalten in gewissen englischen Wohnvierteln seit den 1960ern zu sein, ohne die Armut und den gesellschaftlichen Ausschluss zu beachten, die mit dem Beton in diesen Vierteln Hand in Hand gingen.

Man kann ja Bauwerke im brutalistischen Stil oder jedenfalls »brutale« auch aus Ziegeln und vielleicht sogar auf Handwerksart errichten.[100] Umgekehrt ist es auch nicht unbedingt unmöglich, etwas Schönes aus Beton zu schaffen. Darüber hinaus ist der Stahlbeton mit der modernen Architektur nicht identisch. Nur ein kleiner Teil dieses Baustoffs wird effektiv auf die Architektur verwandt. Die Arbeiten des Hoch- und Tiefbaus mit den Staudämmen an erster Stelle, aber auch die Brücken und Straßen – also die große Infrastruktur – verbrauchen den größten Teil.

Der Mord an der traditionellen Architektur

Der Stahlbeton spielte eine zentrale Rolle beim Verschwinden, um nicht zu sagen: bei der Ermordung der traditionellen Bauweisen. Er ist ein immer gleichförmiger Baustoff, industriell hergestellt, der, wenn man über Arbeiten kleinen Umfangs hinausgeht, eine Arbeitsteilung zwischen dem Architekten oder Ingenieur, also einem vom Staat mit Diplom anerkanntem Fachmann und den einfachen ungelernten Arbeitern, den »Händen«, nach sich zieht. Er verlangt auch nach einer umfangreichen Lieferkette, die praktisch staatliche Strukturen und einen entwickelten Markt voraussetzen, wie sie nach dem Zweiten Weltkrieg allgemein wurden:

> »An dieser entscheidenden Schwelle hat ein wahrer Umbruch rund um die Art, ein Gebäude zu planen und zu bauen, stattgefunden. Er betrifft zuerst die neuen Baumaterialien und dann, was man gerne vergisst, diejenigen, die allmählich oder

100 Der Begriff »Brutalismus« wurde vom englischen Architekturtheoretiker Reyner Banham in seinem Aufsatz *The New Brutalism* (1955) populär gemacht, der sich ausdrücklich auf den französischen *béton brut* (und auch auf die *art brut*) bezog. Aber es scheint, er habe ihn bei dem schwedischen Architekten Hans Asplund aufgegriffen, der anlässlich eines Hauses aus Ziegeln, das 1950 Kollegen in Uppsala gebaut hatten, von *Nybrutalism* gesprochen hatte.

brutal beseitigt werden, aber immer unter einhelligem Applaus technophiler Ingenieure und fortschrittlicher Architekten. Das traditionelle Aufziehen von Mauern mit Steinen, die in der Nähe abgebaut wurden, verschwand in Frankreich kurz vor dem Zweiten Weltkrieg. Fertige oder halbfertige Industrieprodukte ersetzten vollständig zu der Zeit, die man den ›Zweiten Wiederaufbau‹ (Seconde Reconstruction, 1955–1965) nennt, die alten, vorindustriell gefertigten. Und wenn man von den Baustoffen spricht, muss man das damit verbundene Fachwissen miteinbeziehen. Die Verteilung der Arbeit und die Art der Planung und des Bauens ändern sich innerhalb von zwanzig Jahren, was eine sehr kurze Zeit ist, wenn man deren erstaunliche Stabilität durch zehn Jahrhunderte hindurch in Betracht zieht.«[101]

Die Bauweisen, die man »traditionell« oder »vernakulär«[102] nennt, sind dermaßen zahlreich und verschiedenartig, dass schon eine einfache Aufzählung den Rahmen dieses Buches sprengen würde. Wir haben uns daher darauf beschränkt, einige der für sie weltweit charakteristischen Merkmale zu beleuchten. Zunächst ist die traditionelle Architektur so verschieden wie die Orte, an denen sie anzutreffen ist. Ihr Hauptaspekt ist ihr *ortsgebundener* Charakter. Sie ist Teil der menschlichen Fähigkeit, mit einer recht beschränkten

101 Jacques Fredet, *Mettre en forme et composer le projet d'architecture. Diverses considérations sur les manières de procéder, héritées puis réformées par les avant-gardes du xxe siècle avec perspectives d'évolution au début du suivant*, Bd. III, Fario, Paris 2015, S. 313 (Übersetzung G. W.).

102 Man findet für diese Architektur die Bezeichnungen »traditionell«, »anonym«, »vernakulär«, »spontan« oder »Architektur der Leute« (und nicht »für die Leute«). Die Bezeichnung »vernakuläre Architektur« erfuhr in den letzten Jahrzehnten eine weite Verbreitung und wurde von der breit angelegten *Encyclopedia of Vernacular Architecture of the World*, herausgegeben von Paul Oliver (1996), angeregt. Sie passt wirklich sehr gut und hat den Vorteil, eine Verbindung zum Konzept des »Vernakulären« Ivan Illichs herzustellen. Man muss sie jedoch klar von dem Gebrauch abgrenzen, den Robert Venturi in *Learning from Las Vegas* (1972) von ihr macht, wo sich das Wort auf die vorstädtischen und kommerziellen Bauten in den Vereinigten Staaten bezieht.

Anzahl von Grundelementen, einem ansehnlichen Reichtum an Lösungen und immer angepasst an den Kontext zu bauen. Das ist ähnlich wie bei den Tausenden von Sprachen, die es gibt, bei den verschiedenen Küchen und Bekleidungen, bei Mythologien und Musik, Prosodie und Medizinen. Wenn es schon ein Wunder ist, *eine* Sprache, *eine* Schöpfungsgeschichte der Welt, *eine* Wohnstätte, *eine* Melodie geschaffen zu haben, dann ist es umso wunderbarer, dass sich alle diese Schöpfungen tausende Male wiederholt haben. Der menschliche Erfindungsreichtum ist recht gleichmäßig über die Welt verteilt, und wenn beispielsweise die Europäer die Lautschrift, den Druck oder den Stahlbeton erfunden haben, haben sie doch nie die Idee der Hängematte oder des Bumerangs gehabt.

Wenn *alle* traditionellen Bauweisen *lokal* sind, wenn sie trotz aller Unterschiede eine einheitliche Kategorie bilden, zeigt sich das zuerst an den *Materialien*: Man greift immer auf das Baumaterial zurück, das vorhanden oder in der Nähe ist. Das ist der erste Grund für die Unterschiede in den vormodernen Bauweisen. Das bedeutet, dass sie in Harmonie mit ihrer natürlichen Umgebung sind, und vor allem, dass sie diese Umgebung *weiterführen*. Die Häuser, die aus den Steinen errichtet wurden, die sich in der Erde der Umgebung finden, erscheinen oft wie eine Ausformung dieser Erde, ein spontaner Auswuchs, eine natürliche Entwicklung, eine Blume, die hier wächst. Die Kultur stellt sich da der Natur nicht entgegen, sie ergänzt sie, nimmt selbst an ihr Teil, atmet denselben Geist, verkörpert ihr Lebensprinzip. Die Häuser der Auvergne sind grau wie der Granit des Zentralmassivs, die Häuser des Périgord sind ockergelb wie der Kalkstein, der dort vorherrscht. Sogar heute noch wird, wer Frankreich auf den kleinen, durch die Dörfer führenden Straßen durchreist, nach höchstens hundert Kilometern jeweils mit neuen Farben und unterschiedlichen Stilen der Häuser konfrontiert. Man kann ohne einen Blick auf Ortstafeln oder Karten wissen, ob man noch im Périgord oder schon im Quercy ist. Es genügt unter anderem, die Eingangstreppen zu betrachten. Und das gilt nicht nur für das Land: Auch die vormodernen Städte sind aus Material gebaut, das in loco vorzufinden ist (so wurde das mittelalterliche Paris aus den Steinen, dem Gips und dem Sand seines Untergrunds erbaut). Oft schließen diese Bauwerke die Besonderheiten des Terrains wie kleine Hügel, Steinbrüche oder Bachläufe mit ein, anstatt sie zu Baubeginn einzuebnen.

Mit Zeit und Energie wird also sparsam umgegangen, und es gibt weder große Verschwendung beim Transport des Materials noch große Schäden, die der Natur zugefügt werden. Wenn diese Bauwerke zu Ruinen verfallen, gleichen sie sich dem Terrain wieder an, dem sie entsprungen sind, sie vermischen sich mit ihm, sie verschmelzen darin, als kehrten sie zu ihrem Ursprung zurück. Man findet manchmal Ruinen, sei es von einem Bauernhaus oder einem Schloss, die jenen natürlichen Steinen ähneln, von denen man sagen könnte, sie ähnelten beinahe Ruinen. Das ist die Versöhnung des Menschen mit der Natur, die Rückgabe des von ihr Geliehenen, Beginn eines neuen Baus, aber auch eines neuen Kreislaufs. Der Mensch zieht also Gewinn aus der ungeheuren Vielfalt der natürlichen Bedingungen, anstatt sich ihr entgegenzustellen. Diese Bauwerke schmiegen sich der Landschaft an, mehr noch: sie vervollständigen sie. Vielleicht ist es die Natur selbst, die sich vervollständigt und die Menschen gebraucht, um sich zu vollenden, ihre verborgenen Anlagen zur Wirklichkeit zu bringen. Wir stehen dann vor einer Mensch gewordenen Landschaft, was dem Projekt einer »Beherrschung der Natur« ebenso widerspricht wie einem pseudoradikalen Ökologismus (Tiefenökologie oder Primitivismus), der vorgibt, dass die menschliche Gattung notwendigerweise immer und überall für die Natur ein Schaden sei, zumindest seit dem Ende der Altsteinzeit.

Diese Überlegungen haben nichts »Mystisches« an sich, wie manche glauben könnten, sondern sind eine Abwandlung der Gedanken des jungen Marx in den *Pariser Manuskripten*:

> »Also die Gesellschaft ist die vollendete Wesenseinheit des Menschen mit der Natur, die wahre Resurrektion der Natur, der durchgeführte Naturalismus des Menschen und der durchgeführte Humanismus der Natur. (...) Die in der menschlichen Geschichte – dem Entstehungsakt der menschlichen Gesellschaft – werdende Natur ist die wirkliche Natur des Menschen, darum die Natur, wie sie durch die Industrie, wenn auch in entfremdeter Gestalt wird, die wahre anthropologische Natur

ist. (...) Die Geschichte selbst ist ein wirklicher Teil der Naturgeschichte, des Werdens der Natur zum Menschen.«[103]

Was an den traditionellen Bauweisen so verblüfft, ist die große Bandbreite an Baustoffen und ihre perfekte Anpassung an den Zweck. Der behauene Stein bleibt einer der besten je angewandten Baustoffe. Heute wird er wegen seiner »hohen Kosten« vernachlässigt! Er ist ein Luxusmaterial für die Reichen geworden. Aber er ist das nur in der Gesellschaft der vorprogrammierten Obsoleszenz, die sich sogar auf das Wohnen erstreckt. Sobald man den Zeithorizont erweitert, kann man eine schlichte Rechnung anstellen: Wenn man die Zeit für die Konstruktion eines Steinbaus mit der vorhersehbaren Lebensdauer eines solchen Baus in Beziehung setzt, kann man leicht die gewonnene Zeit sehen. Erst ein großer Aufwand, dann eine sehr lange Zeit der Muße. Das war schon das Argument von William Morris. Aber was würde dann mit all den Arbeitsplätzen im Bausektor geschehen? Es ist besser, dass die Behausungen in Stücke fallen, sobald die Eigentümer ihre Kredite dafür abgezahlt haben – durchschnittlich in zwanzig bis fünfundzwanzig Jahren.[104]

Im Gegensatz dazu scheint der am wenigsten haltbare Baustoff der Stampflehm zu sein, das heißt unbearbeitete und komprimierte Erde. Er ist mit dem Stein die älteste Technik der Welt. Und er ist wesentlich haltbarer, als man ihm zutrauen würde – vorausgesetzt, er ist gegen Regen geschützt, hauptsächlich durch ein Dach. Und es existieren noch Erdbauten, die Jahrtausende alt sind. Wie die

103 Karl Marx, *Ökonomisch-philosophische Manuskripte aus dem Jahre 1844*, in: Abschnitte V und IX, Marx-Engels-Werke 40, Dietz, Berlin 1985, S. 538 und 543–544.

104 Schon 1944 hat Theodor W. Adorno bemerkt, es sei unmöglich geworden, ein Leben lang »einen Ort wirklich zu bewohnen«: »Das Haus ist vergangen. Die Zerstörungen der europäischen Städte ebenso wie die Arbeits- und Konzentrationslager setzen bloß als Exekutoren fort, was die immanente Entwicklung der Technik über die Häuser längst entschieden hat. Diese taugen nur noch dazu, wie alte Konservenbüchsen fortgeworfen zu werden.« § 18 – »Asyl für Obdachlose« in *Minima Moralia. Reflexionen aus dem beschädigten Leben* (1951), Suhrkamp, Frankfurt am Main 1989, Suhrkamp, S. 41.

spektakuläre Architektur der jemenitischen Hauptstadt Sanaa zeigt, kann man sogar zehnstöckige Gebäude aus Stampflehm (Pisé) errichten. Aber man muss gar nicht in so weiter Ferne suchen: In der Umgebung von Lyon in Frankreich gibt es eine lange Tradition des Pisébaus. Stampflehm ist ein perfekt wiederverwertbarer und -verwendbarer Baustoff, aber er verlangt Fürsorge. Man versucht heute manchmal, ihn im Namen »nachhaltiger Entwicklung« wiederzubeleben. Und auch die Verstärkungen können auf eine recht einfache Art und Weise hergestellt werden, ohne auf Metalle zurückgreifen zu müssen: Extrem widerstandsfähige Armierungen aus Bambus sind lange in China und in Lateinamerika für Gebäude aus Pisé oder Kalk in Gebrauch gewesen, aber heute vergessen.

Die thermischen Eigenschaften der traditionell errichteten Gebäude sind wohlbekannt. Viele verschiedene Techniken erlauben, mit geringem Aufwand die Wärme im Winter zu halten und im Sommer die Luft zu kühlen. Keller gab es statt Kühlschränken. Sicherlich verschwänden ganze Bereiche der gegenwärtigen Industrie, wenn man zu diesen einfachen technischen und leicht anzuwendenden Mitteln zurückkehrte! Im Gegenzug wäre ein Gutteil der ökologischen Krise gelöst, wenn man den Einfluss des exzessiven Heizens, der Klimatisierung und energieverschwendender Kühlschränke in Rechnung stellte.

Ebenso bemerkenswert sind auch die vormodernen erdbebensicheren Techniken: unterirdische Gewölbe und Keller rund um das Mittelmeer, die japanische Leichtbauweise, trapezförmige Eingänge bei den Inkas. Nach dem Siegeszug des Betons hat man mit Müh und Not neue erdbebensichere Techniken entwickelt – und wendet sie nur an, wenn sie nicht zu viel kosten. In ihrem Dasein in den Elendsvierteln und selbstgebauten Unterkünften in der »Peripherie« leiden die Opfer der kapitalistischen Globalisierung besonders unter Erdstößen, seit man Beton verwendet – und zwar Beton der schlechtesten Sorte, denn die Bauherren setzen, wie man weiß, zum Sparen zu viel Sand zu.

Die traditionellen Bauten ermöglichen die *Autonomie* der Bewohner: Fast alles, was man braucht, sei es auf der Ebene der Baustoffe oder der Energie, ist vor Ort zur Hand, und oft umsonst. In aller Regel sind die Bautechniken leicht auszuführen und erfordern weder Hilfe von diplomierten »Experten« – höchstens von lokalen Handwerkskräften – und auch keine langen Lieferketten.

Die Länder des Südens haben durch den Mord an der traditionellen Architektur, die an ihre Bedürfnisse angepasst, leichter zu bewerkstelligen und weniger mühselig war, noch mehr gelitten als die des Nordens. Man hat redete mit bemerkenswertem Zynismus ein, dass sie dank des Betons in der Spitzenklasse mitspielen könnten, weil sie nun an der »Moderne« teilhätten, gerade wie beim Benutzen von Smartphones …

Könnten die Steine sprechen …

Die Steine haben ein Gedächtnis, seien es die natürlichen Steine oder die in den Bauwerken verwandten. Nach dem Sonnenuntergang geben sie die Wärme ab, die sie den Tag über gespeichert haben. Sie machen auf subtilere Art dasselbe mit dem Leben der Menschenwesen, die sie zu ihren Zwecken benutzen. Wenn wir unsere Ohren an die Steine alter Gebäude halten, können wir, wenn wir es nur wollen, das Murmeln der Generationen hören, die hier gewohnt haben. Und das ist der Grund, warum es manche, abseits von allen anderen Gründen, die man dafür haben kann, vorziehen, in einem alten Haus zu wohnen. Diese Mauern, diese Steine sind wie Schwämme, die das Leben aufgesogen haben. Indem sie es uns zurückgeben, vervielfältigen sie das Leben, machen ein wenig rückgängig, was die zerstörerische Zeit ausgelöscht hat. Die Geschichten, die von »verwunschenen Häusern« mit Spukgestalten aus früherer Zeit erzählen, sind nur eine grobschlächtige Variante davon. In allen Häusern, die diesen Namen verdienen, hausen die Geister der Vergangenheit. Und was für Häuser gilt, gilt umso mehr für Kirchen, Schlösser, Burgen, Gefängnisse, Tempel, … für Orte, die Tausende oder sogar Millionen von Menschen im Lauf der Jahre, der Jahrhunderte, der Jahrtausende aufgesucht haben. Aber es ist schwerer, sie zu hören, wenn man nicht allein ist oder die Menge derer, die hier durchgezogen sind, zu groß oder ein zu bunter Haufen war. Im Gegenzug kann man sie oft in einer kleinen romanischen Gebirgskapelle oder in einem Haus des kolonialen Peru ausgezeichnet vernehmen. Der Einfluss der Behausung und ihrer Einrichtungen auf die Seelen ist oft genug beobachtet worden. Louis-Sébastien Mercier schrieb 1788 in seinem *Tableau de Paris*: »Welcher Unterschied zwischen einem Ofen und einem Kamin! Beim Anblick eines Ofens erlischt meine Phantasie.«[105]

Die Moderne bringt überall eine gewaltige »reductio ad unum« mit sich, auf die wir im nächsten Kapitel zurückkommen werden. Es wird nur einem winzigen Teil der im Laufe der Jahrhunderte und Jahrtausende entstandenen menschlichen Schöpfungen zu überleben gestattet. Das Englische ist dabei, die anderen Sprachen zu Mundarten für den alltäglichen Austausch zu reduzieren, und schließt sie von den »wichtigen« Kommunikationen wie denen der Wissenschaft aus. Die westliche Kleidung herrscht nahezu überall vor, und das Menschenkind mag blond oder braun sein, schwarze oder weiße Haut haben, aber es trägt sicherlich Jeans. Und wenn man daran denkt, dass bis zum Beginn des zwanzigsten Jahrhunderts in vielen Gegenden der Welt jedes Dorf seine eigene Tracht hatte, mit der es sich auf den ersten Blick vom Dorf gegenüber unterschied! Die »globale Kultur« von Hamburger und Kebab hat noch nicht ganz die verschiedenen Küchen der Welt ausgemerzt, aber es wird daran gearbeitet. Man sieht beispielsweise Haltungen wie die des nordamerikanischen Studenten sich verbreiten, der während eines sechsmonatigen Studienaufenthalts in Lissabon nur ein einziges Mal *bacalão*, die typische portugiesische Speise, zu sich genommen hat. Die europäische Angewohnheit, je nach Land Verschiedenes zu essen, kam ihm genauso archaisch und überholt vor wie das Tragen eines traditionellen Gewands.

Der Beton eignet sich ganz besonders zur Vorfertigung und daher Standardisierung seiner Bauteile. Darum ist er auch der eingeschworene Feind lokaler Besonderheiten und unendlicher Variationen. Die Wichtigkeit lokaler Materialien ist Teil der Diversität der Welt, ebenso wie Küchen und Sprachen, und stellt sich der globalisierten Monotonie entgegen. Die Moderne, die andauernd die Worte von *individueller Freiheit* und *persönlicher Wahlmöglichkeit* im Mund führt, ist vor allem an ihrer *Monokultur* in allen Bereichen erkennbar. Ihr Ergebnis lässt sich mit den Worten *Ver-*

105 Zitiert in Fernand Braudel, *Sozialgeschichte des 15.–18. Jahrhunderts. Der Alltag*, Kindler, 1985, S. 322.

armung, *Rückschritt* und *Einschränkung* von Wahlmöglichkeiten zusammenfassen. Und in den Bauweisen ist diese vereinheitlichende Verarmung, diese *Gleichschaltung*, besonders sichtbar. Die Sprache, die man auf den Straßen spricht, erlaubt uns noch immer festzustellen, ob wir uns in einem neuen Viertel von Dubai, New York, Tokio, São Paulo, Djakarta oder der Pariser Défense befinden – die Gebäude, die wir dort vorfinden, erlauben das nicht mehr. Zur gleichen Zeit gibt es nichts Peinlicheres als die pseudoregionalen Bauten, die oft von baupolizeilichen Vorschriften erzwungen werden: Schuhschachteln aus Hohlziegeln und Betonblöcken mit einem Verputz in lokaler Farbe und einem Dach, das die traditionelle Architektur der Gegend zitiert – man macht sich noch über die Toten lustig, indem man sie nachäfft.

Der Misskredit, in den die traditionelle Architektur bei den modernen Architekten in der Epoche geraten ist, deren Losung lautete: »Haltet den Fortschritt nicht auf«, war derart, dass viele Besucher aus allen Wolken fielen angesichts der Ausstellung »Architecture without Architects«,[106] die 1964 vom österreichischen Architekten Bernard Rudofsky im New Yorker Museum oft Modern Art gestaltet wurde und aus zweihundert Photographien bestand. Sie polemisierte offen gegen den »Internationalen Stil«, der dreißig Jahre früher von einer anderen Ausstellung am selben Ort lanciert worden war, und sang ein Loblied auf die kollektive und anonyme Architektur, die nicht von den Reichen und Mächtigen noch für sie entworfen wurde. Die Architektur »ohne Stammbaum« sollte keine Kuriosität sein, die man mit Herablassung betrachtete,

106 Der Katalog dieser Ausstellung, der ein großer Erfolg beschieden war, ist bis heute immer wieder in mehreren Sprachen neu aufgelegt worden: Bernard Rudofsky, *Architektur ohne Architekten. Eine Einführung in die anonyme Architektur*; Residenz, Salzburg, Wien 1989. Andere bemerkenswerte Schriften von ihm sind: *The Prodigious Builders: Notes Toward a Natural History of Architecture with Special Regard to those Species that are Traditionally Neglected or Downright Ignored*, Houghton Mifflin Harcourt, Boston 1977 sowie *Sparta/Sybaris: keine neue Bauweise, eine neue Lebensweise tut not*, Residenz, 1987 – ein Katalog zur gleichnamigen Ausstellung im Museum für angewandte Kunst in Wien, die seine Anwendungen der Architekturkritik auf den Haushalt und das alltägliche Leben zeigte.

sondern eine Inspiration für die Gegenwart. Angesichts überdachter Straßen, vor allem im Mittelmeerraum, schreibt Rudofsky:

> »Fotografien können den tatsächlichen Eindruck, der beim Durchschreiten von komplizierten Raumgebilden alle Sinne erfaßt, nur andeuten: Lichtstrahlen, die die Finsternis durchdringen, Wellen von Kühle und Wärme, das Echo der eigenen Schritte, der Geruch von sonnengebackenen Steinen. Die Summe dieser Eindrücke wird zu einem ästhetischen Erlebnis, das, so bescheiden es auch sein mag, uns für gewöhnlich versagt ist.«[107]

Inmitten der traditionellen Architektur ist die der Kykladen eine der faszinierendsten. Nicht nur jede kleine Insel, sondern jedes Dorf oder jeder Teil einer Insel hat einen eigenen Stil entwickelt. Der wiederum entspricht den Bedürfnissen der Einwohner und bringt gleichzeitig deren individuellen Charakter zum Ausdruck. Mit geringen materiellen Mitteln und wenigen »Fachleuten« am Bau wurde dort eine Architektur entwickelt, die zum Besten der Welt zählt, was die zwischenmenschlichen Beziehungen wie auch das Verhältnis zur Umgebung angeht. Man bemerkt dort überall die Reihe von Übergängen zwischen privatem und öffentlichem Raum, wie sie einer Mittelmeerkultur von Hof und Straße in all ihren Formen entspricht. Die kleinen Gässchen zwischen den Häusern dienen als Höfe, und das Leben entfaltet sich hauptsächlich außerhalb der Häuser. Der Zauber der traditionellen mediterranen Städte und Dörfer beruht auch darauf, dass sie in Wirklichkeit ein einziges riesiges Gebäude sind, wo jeder Teil mit den anderen verbunden erscheint und die Straßen und Plätze nicht durch die Anlage schneiden, damit man sie schnell durchqueren kann, sondern Höfe bilden, die das Leben, das sich in den Häusern abspielt, nach außen verlängern, indem sie sie untereinander verbinden. Man könnte diese Einheit wegen ihrer Durchgängigkeit, der Fülle (Häuser) und der Aussparungen (Höfe und Gassen), mit einer *Skulptur*

107 Bernard Rudofsky, *Architektur ohne Architekten*, op. cit. ohne Seitenangabe, zu den Fotos 79–81.

vergleichen, aber auch deshalb, weil sie fast ausschließlich nur aus einem Material besteht, einem mineralischen Material – im Gegensatz zu beispielsweise Dörfern, wo jedes Haus vollständig von einem Garten umgeben ist, wie dies zum großen Teil in Nordeuropa vorkommt. Aber das hat nichts mit dem postmodernen Verfahren zu tun – das übrigens schon teilweise im historischen Konstruktivismus, namentlich bei den Architekten des De Stijl, wirksam war – das die *utilitas*, also die Bedürfnisse der Bewohner und Benutzer, vorgeblichen »plastischen Werten« opfert und das Gebäude in ein Designobjekt verwandelt.

Es stimmt freilich, dass Adolf Loos wie auch Le Corbusier von der Architektur der Kykladen inspiriert wurden und ihren sehr geometrischen und nüchternen Charakter bewunderten. Aber in unseren Augen zeigt sie vielmehr, dass man sehr wohl das Gegenteil des Funktionalismus bauen kann (denn diese Architektur *ist* mit ihren labyrinthischen Strukturen und der Rolle der Straßen dessen Gegenteil), ohne dennoch viel auf das Ornament zu geben, das das Grauen des Funktionalismus war. Nüchterner Funktionalismus gegen überladenes Ornament – das war eine falsche Alternative wie immer, wenn man die Gegenüberstellung von Klassik und Barock (oder Romantik) übertreibt.

Die Kultur der Kykladen ist so reichhaltig, dass es keine zwei gleichen Häuser auf dem Archipel gibt, während der Industriekapitalismus derart arm ist, dass er Millionen von Menschen in vollkommen identischen Termitenhügel aus Beton ablagert. Aber der Fortschritt hat auch Griechenland erreicht. Nicht nur, dass Häuser dieser Art nicht mehr gebaut werden, nein, man zerstört sie in großem Umfang, vor allem in den großen Städten, wenn man sie nicht gerade für Tourismus und Folklore stehen lässt, aber dafür ihres vergangenen Lebens entleert. Und man kann auch hier die zerstörerische Rolle der Autos bemerken. Haben sie ihre Herrschaft einmal angetreten, nimmt man nur dann, wenn Verkehr und Parken ausnahmsweise verboten werden, zum Beispiel anlässlich eines Dorffests, wahr, dass es die Autos sind, die die Einheit des Gebauten zerstückeln.

Hier wie auch anderswo kann man feststellen, dass die traditionelle Architektur nützlicher und funktioneller ist als die, die von den Architekten gebaut wird, die nur auf Nützlichkeit und Funktion schwören. Von den drei klassischen Kategorien Vitruvs ist die *firmitas* (die Festigkeit und damit auch Dauer) die, der im zwanzigsten Jahrhundert am meisten zugesetzt wurde. Ihre Anwendung gilt als ein Attentat auf die erste Bürgerpflicht, nämlich »zu kaufen, zu kaufen, zu kaufen« – wie sie der amerikanische Präsident George W. Bush nach den Attentaten des 11. Septembers 2001 in Erinnerung rief. Die *venustas* und die *utilitas* sind in ihr Gegenteil verkehrt worden. Oft ist nichts weniger nützlich als der Utilitarismus, nichts weniger funktionell als der Funktionalismus – was etwa die Wege betrifft, die man in einem Gebäude, namentlich einem öffentlichen, zurücklegen muss. Die *venustas* ist auf Design reduziert worden, das einzige Verkaufsargument, wenn weder *utilitas* noch *firmitas* im Produkt zu finden ist, ob es sich nun um ein Paar Schuhe handelt oder um ein Haus. Und es geht dabei auch nicht um eine wirkliche ästhetische Qualität, sondern bloß um die Vorliebe des Konsumenten für einen Lebensstil und die Annehmlichkeiten, die dieser zu versprechen scheint. Debord hatte Recht, wenn er jede Ware als ein »Spektakel« bezeichnete, auch jenseits visueller Dimensionen: Man konsumiert im Wesentlichen, sogar wenn es sich um eine Flasche Wasser handelt, das Bild, das sie transportiert, als Entschädigung für die reelle Armut des »erlaubten Lebens«.

Was hingegen die Schönheit, die *venustas*, betrifft, wollte man vielleicht selbst die Idee aus der Welt schaffen, dass es in der Vergangenheit etwas Besseres als in der Gegenwart gegeben haben könnte, und sei es nur in den ohnehin schon mittelmäßigen Formen der Bourgeoisie des neunzehnten Jahrhunderts: Die Architektur dieser Epoche schien für das »gewöhnliche Unglück« (Freud), für »die unglückliche Würde des Kleinbürgertums« (Debord) gemacht zu sein und noch nicht, wie die Architektur des zwanzigsten Jahrhunderts, für ein »Epoche von Katastrophen«. Im Namen des Egalitarismus reduziert man die Lebensumstände aller auf die von Arbeiterinnen im Ameisenstaat und nivelliert sie nach unten. Es muss einen Grund dafür geben, dass die »historischen« Teile – also die vorindustriellen – der Städte im Allgemeinen so viel stärker besucht werden als die zeitgenössischen Bauten. Die »platten Sophismen aus Stahlbeton« (Debord), die Bauten an den Pariser Quais de

Bercy oder das neue Viertel Euralille in Lille[108] ziehen nicht viele Besucher an … Aber man hat uns vorgewarnt: Unsere Vorfahren hatten ein Paris aus Stein, unsere Großeltern ein Paris aus Gips, und unsere Eltern haben uns ein Paris aus Stahlbeton vermacht.[109]

Die Architekten an den Galgen?

Die traditionelle Architektur – wenn wir die Baukunst aus alter Gewohnheit immer noch so nennen wollen – verdankte ihre Qualität gerade dem Umstand, dass es sie *nicht dank der Architekten* gab. Die »Architektur« als »Baukunst« ist keineswegs mit dem »Architekten« als professionellem Fachmann identisch. Allerdings war sie auch nicht das Ergebnis eines verallgemeinerten Eigenbauwesens. Sie war die Frucht einer ganz speziellen Art von Handwerkern: der *compagnons du devoir* (Arbeitsgesellen) und deren Bruderschaften in Frankreich mit ihrer Organisierung von Lehrlingen, Gesellen und Meistern, den *capomastri* in Italien, den *Baumeistern* und *Werk-*

108 Von Rem Koolhaas, postmodernistischer Planungsarchitekt, der sich gerne auf Constant beruft (s. Kapitel 3), so dargestellt: »Offensichtlich ist Euralille in diesem Sinn hässlich. Es wäre bewegend (um nicht zu sagen, unehrlich), wenn es das nicht gewesen wäre. Es ist hässlich auf Grund einer gewollten Modernisierungsanstrengung, um das Wesen einer Stadt zu verändern. Die Modernisierung macht ihre Erklärung. Diese Erklärung ist niemals rücksichtsvoll. Sie erklärt den vorigen Zustand, das vorige Regime für nicht tragbar. Sie verkündet Verwandlung, Tod, Wiedergeburt. Euralilles Ehrgeiz ist es, Lille zu modernisieren. Mit Euralille ist Lille ›artifiziell‹ geworden und hat einen Teil seiner Authentizität verloren. (…) Leider ist für uns alle das Artifizielle das eigentliche Wesen der Architektur. Euralille ist, wie eine Bypassoperation, eine aggressive Intervention, um eine historische Stadt mit allen Flüssen der (Anti-)Kultur zu versorgen und sie für eine theoretische Bevölkerung von siebzig Millionen Einwohnern zugänglich zu machen, sie mit den richtigen Organen auszustatten, die sich an dieses virtuelle Gemeinwesen wenden, das nie ein ›Ganzes‹ sein wird.« (Artikel von Rem Koolhaas, der den Katalog zur Ausstellung Euralille 1995 beschließt) Der Zynismus dieser Figur hat hier seinen Höhepunkt erreicht, da sie unaufhörlich an massiven Zerstörungen vorindustrieller Stätten und Gebäude teilhat, sowohl vernakulärer wie monumentaler.

109 »Unsere Väter besaßen ein Paris aus Stein, unsere Söhne werden eins aus Gips bekommen.« (Victor Hugo, *Der Glöckner von Notre Dame*, dtv, München 1994, S. 155).

meistern in Deutschland mit ihren Organisationen von *Zünften*, den *master builders* in England und den *magistri operis* auf Latein. Bis in das achtzehnte und an vielen Orten bis in das zwanzigste Jahrhundert hatten die normalen Häuser keine Architekten und wurden stattdessen von Gruppen von Handwerkern errichtet, die formal als Zunft agierten oder auch nicht. Die Bauten des Mittelalters, wie die Kathedralen, hatten im Allgemeinen keine namentlich bekannten Baumeister, sondern waren das Werk vereinter Arbeitskollektive, die sich in Frankreich »loges de construction« und in Deutschland »Bauhütten« oder einfach »Hütten« nannten. Diese besondere Form der Zusammenarbeit kannte keinen Unterschied von praktischem und theoretischem Wissen. Die Ausbildung ist zunächst praktischer Natur, und ihr fügen sich später die theoretischen Kenntnisse hinzu, die erst in der Folgezeit der ausschließliche Besitz von Architekt und Ingenieur wurden. Sie wurden oft unter dem Mantel der Berufsgeheimnisse nur an »Initiierte«, an Aufgenommene, weitergegeben. Während noch der mieseste Betonwürfel von einem Architekten signiert ist, ist Notre-Dame de Paris ein zum großen Teil anonymes Gebäude. Sie hat nur Werkmeister, von denen außer den Namen meistens nichts überliefert ist.

Der Verlust des Gewusst-wie, des Know-how, der schon im neunzehnten Jahrhundert einsetzte, ist vor allem dort augenscheinlich, wo man versucht, die künstlerischen Formen nachzuahmen, die man von der Vergangenheit geerbt hat, ohne die Mittel zu ihrer Verwirklichung noch zu kennen. Die neugotische Basilika von Saint-Epvre in Nancy ist dafür ein gutes Beispiel. Sie wurde zwischen 1864 und 1875 vom Architekten Prosper Morey,[110] einem Parteigänger von Eugène Viollet-le-Duc[111] (*der* Autorität des Historismus in Frankreich), errichtet. Die Konstruktion imitierte lediglich die *Formen* der gotischen Architektur. Der Architekt und seine Mitarbeiter wussten offensichtlich nicht viel von den mittelalterlichen Bauweisen. So fehlte das ausgeklügelte System der Was-

110 (1805–1886), französischer Architekt, spezialisiert auf historisierende Bauten, archäologische Studien und Restaurierungen.

111 (1814–1879), Architekt, Kunsthistoriker und Denkmalpfleger; er und seine Schüler wurden wegen der von ihnen praktizierten Art des Historismus von Kritikern als »Restaurierungsvandalen« gescholten.

serableitung, das man in den mittelalterlichen Kirchen vorfindet – einer der Gründe, warum das Gebäude schnell zu verfallen begann, vor allem an seinen Eisenarmierungen. Spalten öffneten sich, Feuchtigkeit drang in das Innere ein. Zu Beginn des einundzwanzigsten Jahrhunderts musste die Basilika zur Gänze restauriert werden, nachdem vorher ihr möglicher Abriss ins Auge gefasst worden war. Muss man darauf hinweisen, dass die mittelalterlichen Kathedralen seit siebenhundert Jahren vergleichsweise wenig Instandhaltung benötigen, viel weniger als ein Gebäude von Le Corbusier, Jean Nouvel oder Frank Gehry?

»Es gibt keine Architektur ohne Architekten«, ist manchmal zu hören. Das ist nichts Neues. Einer der wichtigsten Vertreter der Renaissance, Giorgio Vasari (1511–1574), hatte den Begriff der gotischen Kunst erfunden, wobei er einen willkürlichen Zeitsprung von achthundert Jahren machte und die Invasion der Goten im Römischen Reich im fünften Jahrhundert mit der Kunst, die im dreizehnten und vierzehnten Jahrhundert entstanden war, verknüpfte. Vasari verabscheute die Kunst, die er »gotisch« nannte und betrachtete sie als eine »barbarische Invasion« aus dem Norden in den mediterranen Raum – für ihn ein Beweis des völligen Niedergangs der Kunst. Er schrieb in seiner Abhandlung *Einführung in die Künste der Architektur, Bildhauerei und Malerei*:[112] »Erfunden wurde dieser Stil von den Goten. Nachdem sie die antiken Bauten zerstört hatten und die Architekten in den Kriegen getötet worden waren, errichteten die Überlebenden in diesem Stil Bauwerke (…).« Es sei also der gewaltsame Tod der antiken Architekten gewesen, der die Barbarei der mittelalterlichen Architektur zur Folge gehabt hätte!

Und es ist tatsächlich die Renaissance, die eine radikale Trennung zwischen der geistigen und der körperlichen Arbeit, dem Intellekt und der Hand, dem Entwurf und der Ausführung, der Kunst und dem Handwerk, dem »Genie« und dem Rest der Menschheit eingeführt hat. So begann die Herrschaft der »Experten«, die sich im Lauf der Jahrhunderte auf alle menschlichen Aktivitäten ausgedehnt hat. Am Anfang waren es nur repräsentative Gebäude,

112 Giorgio Vasari, *Einführung in die Künste der Architektur, Bildhauerei und Malerei*, Wagenbach 2006, S. 63f.

die Architekten anvertraut wurden. Die Figur des Stararchitekten setzte sich ab dem fünfzehnten Jahrhundert zusammen mit der des großen Künstlers durch, und man begann, ein wichtiges Bauwerk mit seinem Architekten zu identifizieren, der ihm Ansehen verlieh. Für die gewöhnlichen Wohnbauten erfolgte die Aneignung durch die Architekten sehr viel langsamer. Städtische Verordnungen in Bezug auf private Bauten gab es schon im Mittelalter, aber erst 1852 wurde in Paris die allgemeine Verpflichtung eingeführt, auf der Mairie eine Baubewilligung für ein Projekt einzuholen. Im Jahr 1867 wurde das Architektendiplom der École des Beaux-Arts eingeführt, deren Inhaber nun als die einzig Befähigten galten, um solche Projekte vorzulegen. Und 1943 machte ein Gesetz der Vichy-Regierung die Erhaltung einer Baubewilligung in ganz Frankreich obligatorisch. Die Monopolisierung des Wissens, eine allgemeine Tendenz der Moderne, folgte also in Bezug auf die Architektur einem Mittelweg; später als etwa bei der Medizin (ein französisches Gesetz unterschied schon 1803 zwischen legaler und unbefugter Ausübung der medizinischen Tätigkeit) oder den Anwälten, aber den Handwerken vorauseilend – noch heute ist es nicht verboten, sich selbst einen Tisch zu zimmern oder ein Collier zu machen. So ist der *Ordre des architectes* (Architektenkammer) mit dem *Ordre des géomètres-experts* (Kammer der Vermessungsingenieure) und dem *Ordre des experts-comptables* (Wirtschaftsprüferkammer) die einzige Berufskammer in Frankreich, die weder das Rechts- noch das Gesundheitswesen betrifft. Er wurde wie auch jener der Ärzte von der Vichyregierung eingesetzt und 1945 bestätigt. Seine Neuordnung durch ein Gesetz vom 3. Jänner 1977 beschränkt das Recht, Projekte (ab einer gewissen Ausdehnung) vorzulegen, auf Architekten, die Mitglieder der Kammer sind.

Wir tragen unsere Kritik der Architektur des industriellen Zeitalters wie auch der Moderne und der Postmoderne nicht im Namen einer *anderen* Architekturschule oder *anderer* Architekten vor. Einige unter ihnen, wie etwa Frank Lloyd Wright, können »menschlicher« erscheinen, vergleicht man sie mit Mies van der Rohe oder Le Corbusier. Aber es würde zu nichts führen, eine Art Architekten der anderen gegenüberzustellen, wie es ja auch zu nichts führt, »gute« den »schlechten« Politikern gegenüberzustellen. Man muss die Figur des Architekten selbst überwinden oder sie ganz und gar neu definieren. Rudofsky sagt völlig zu Recht:

> »Maurer versus Architekt
> ›Gib einem Maurer Ziegel und Mörtel und sag ihm, er solle einen Raum überdecken und Licht hineinlassen, und das Resultat wird erstaunlich sein‹, schreibt Jamshid Kooros, ein persischer Architekt, der am Massachusetts Institute of Technology studiert hat. ›Innerhalb seiner Grenzen findet der Maurer unendliche Möglichkeiten zwischen Vielfältigkeit und Harmonie; der moderne Architekt hingegen, mit all dem, was ihm an Material und baulichen Systemen zur Verfügung steht, erzeugt Eintönigkeit und Dissonanz, und das im Überfluss.‹«[113]

Angesichts der Architektur der Architekten, der Ingenieure und der großen Unternehmen und vor allem angesichts der Massenbehausungen, die sie hervorbringen, sang man in den letzten Jahrzehnten oft das Loblied der *Autokonstruktion*. Im Weltmaßstab wird die überwiegende Mehrzahl der Wohnbauten im Eigenbau errichtet, vor allem in den einst so genannten »Entwicklungsländern«, auf dem Land wie in den städtischen Elendsvierteln. Und wenn man gewisse Favelas in Brasilien betrachtet, vor allem die, die aus Ziegeln errichtet wurden und sich längs der Hügel hochziehen, und von ihrem sozialen Kontext absieht und sie nur als Architektur ansieht, kann man da durchaus schätzenswerte Aspekte und Strukturen finden, die das gemeinschaftliche Leben begünstigen. Sie weisen menschliche Größenordnung auf, sind an ihre Umgebung angepasst und haben spontan die Formen der Kasbah und der ersten neolithischen Siedlungen im Mittleren Osten und anderswo wiederaufgenommen.[114] Natürlich akzeptiert die Staats-

113 Bernard Rudofsky, *Architektur ohne Architekten*, op. cit. ohne Seitenangabe, zu den Fotos 151 und 152

114 Ich habe schon 1999 in einem Artikel, der in der brasilianischen Zeitschrift *Carta Capital* erschien und von meiner ersten Reise nach Brasilien berichtete, geschrieben, dass ich vielleicht lieber in einer gewissen Art von Favelas leben würde als im fünfundzwanzigsten Stockwerk eines Wolkenkratzers. Der französische Soziologe Henri Lefebvre rief mit ähn-

macht diesen Selbstbau nur dort, wo sie ihn nicht verhindern kann, und sucht immer nach Möglichkeiten, dessen Bauten zu zerstören (die ganze Welt konnte zusehen, wie anlässlich der Olympischen Spiele 2016 einige Favelas in Rio de Janeiro demoliert wurden), wobei sie den weniger armen Bewohnern die Möglichkeit anbietet, sich lebenslang zu verschulden, um eine »richtige« Wohnung zu erstehen, normalerweise eine Zweizimmerangelegenheit in einem Termitenbau.

Andererseits sind die Eigenbauhäuser in den Vereinigten Staaten, wo sie oft gesetzlich erlaubt sind, weit verbreitet. Wenn genügend Ressourcen verfügbar sind, ergeben sich manchmal interessante »alternative«, »ökologische« oder »natürliche« Architekturen. Sogar in Europa steigt die Anzahl des Selbstbaus mit Baubewilligung an, wobei oft Bezug auf Ökologie oder »Gemeinwohlökonomie« genommen wird.

Aber es wäre ein Irrtum, ganz allgemein das Hohelied des Eigenbaus zu singen. Wir haben schon gesehen, dass einer der Erfinder des Betons, François Coignet, als braver »Sozialist« einer seiner Vorläufer war. Er war davon überzeugt, dass der Beton es der Arbeiterklasse in Zukunft ermöglichen würde, ihre eigenen, bequemen Wohnhäuser zu bauen, aus eigener Kraft und unter der leicht zu erfüllenden Voraussetzung, dass Sand und Kalk vorzufinden seien.[115] Die Erbauer von Eigenbauhäusern sind, wie wir gesagt haben, heute tatsächlich die Hauptverbraucher von Beton. Die Ufer des Mittelmeers sind vor allem in Süditalien und Griechenland voll von Eigenbauhäusern. Sie sind fast immer sehr hässlich und oft unvollendet – sei es, weil nur das Erdgeschoß bewohnt wird, während die verrosteten Enden der Installationen auf dem Dach davon sprechen, dass eines Tages für die Kinder noch

lichen Bemerkungen während seiner Reise nach Brasilien im Jahr 1974 das Unverständnis der örtlichen Linken hervor. Im *Guardian* ruft Adrian Forty ins Gedächtnis, dass »Architekten und Ingenieure, die die Favelas besuchten, von der Wirtschaftlichkeit und dem Erfindungsreichtum ihrer Betonbauten überrascht waren«. Adrian Forty, »›Concrete? It's Communist!‹ The Rise and Fall«, op. cit.

115 Zitiert bei Adrian Forty, »›Concrete? It's Communist!‹ The Rise and Fall«, op. cit.

ein Stockwerk darauf gesetzt werden soll, sei es, weil vom Bau nur die tragenden Teile aufgeführt wurden – und das genügt für ein *fait accompli*, das die Behörden zwingt, früher oder später ein Gebäude an diesem Ort nachträglich zu bewilligen. In der Tat wird ein Großteil außerhalb aller Normen und jedes Flächennutzungsplans gebaut.

Die große Schuld des Betons, aber auch des Hohlziegels besteht gerade in dem, was man im Allgemeinen als sein großes Verdienst betrachtet: das Bauen so enorm erleichtert zu haben. Die irreparablen Schäden, die den Küsten des Mittelmeers seit den 1960ern zugefügt wurden, wären ohne diese Baustoffe niemals geschehen. In Süditalien ist etwa die Hälfte der Bauten illegal, *abusivamente*, errichtet worden; aber das Problem als solches ist nicht der mangelnde »Respekt vor dem Gesetz«, denn die Häuser mit Baubewilligung sind nicht notgedrungen besser oder in respektvollerem Einklang mit der Landschaft. Der *abusivismo edilizio* (Schwarzbau) ist nicht nur eine andauernde ästhetische Ohrfeige, sondern macht auch eines der gesellschaftlichen Hauptprobleme aus. Er ruft hydrogeologische Katastrophen hervor, die Tausende Leben gekostet haben; er ist einer der Antriebe illegaler und mafioser Wirtschaft; er bringt fast immer Schwarzarbeit und Steuervermeidung mit sich; er begünstigt Korruption und Klientelismus bei den Behörden; er erlaubt es rechten Parteien, beispielsweise der Silvio Berlusconis, Wahlen mit dem Versprechen einer nachträglichen Legalisierung der Schwarzbauten gegen Zahlung einer kleinen Strafe, *condono* genannt, zu gewinnen: ein modernes Äquivalent zu den Ablässen, die seinerzeit die Kirche verkaufte. Abrisse finden selbst nach einem entsprechenden Gerichtsurteil praktisch niemals statt. Man hat oft die »Notwendigkeit, eine Wohnung zu haben«, und die Obdachlosigkeit armer Familien auf Grund von Kriegsschäden und Binnenmigration als Entschuldigung angeführt. Doch seit den 1970ern sind in Italien illegale Bauten in der Mehrzahl Zweitwohnsitze. Sie entsprechen einerseits dem Wunsch der Mittelklassen nach »Prestige«, wenn ein Landhaus in den Bergen oder eine Villa am Meer, wenn auch nur in Miniaturausgabe, zum Statussymbol wird. Aber auch die Hauptwohnsitze gehen oft über das Nötige hinaus, beispielsweise bei Rückwanderern, die ihren neuen Reichtum zeigen wollen. Andererseits ist angesichts der Inflation der 1970er und der daraufhin anhaltenden düsteren wirtschaftlichen Lage der »Stein« (oder der »Ziegel« in Italien), wie man im übertragenen Sinn sagt, eine »sichere Geldanlage« geworden, selbst bei kleinen Summen. Man kauft eine aufgegebene landwirtschaftliche Nutzfläche, setzt ein Dach auf vier Stützpfeiler und jeden Sommer baut man mit der Familie ein paar Wände dazu. Diese Häuser werden also meist nur während einer kurzen Zeit des Jahrs genutzt.

Italien (vor allem im Süden) und Griechenland stellen zweifellos die schlimmsten Fälle in Europa dar, was »wildes« Bauen betrifft. Doch man kann sicher sein, dass sich dieselben Effekte auch anderswo zeigen würden, wenn Kontrollen fehlten. Und wenn wie in Frankreich der Staat den Respekt vor seinen Gesetzen durchsetzt, dann nur, um selbst systematischeren Horror zu bewilligen. Es genügt, die Côte d'Azur mit ihren Wundern wie der Marina Baie des Anges à Villeneuve-Loubet zu betrachten. Es wäre also naiv, unter den gegebenen Bedingungen die Schrecken der Architektur nur dem Staat, dem Markt, der Mafia, der Industrie oder den berufsmäßigen Architekten zuzuschreiben und »die Leute« von jedem Fehlverhalten freizusprechen. Wenn man »die Leute« bauen ließe, wie sie es wünschten, würden sie wahrscheinlich keine »Cités radieuses« und keine Hochhäuser in den Vorstädten bauen, aber sie würden Millionen von Hollywood-Villen errichten, wie sie sie in den TV-Serien sehen. Davon gibt es schon ganze Viertel auf dem Balkan oder in der Nähe von Neapel: keine gepflasterten Straßen, keine Kanalisation, aber riesige Villen im groteskesten Kitsch. Doch hier wie anderswo teilt sich die Verantwortung für die aktuellen Desaster zwischen den Herrschenden und den Beherrschten, den Verwaltern und den Verwalteten, den Reichen und den Armen, und man fragt sich manchmal, wer die Schlimmeren sind. In Italien erfolgte der Ansturm auf Wohnungen minderer Qualität, aber meistens für Einzelbezug, spontan und ohne großes Dazutun des Staats, der sich angesichts der »palazzinari« (der großen privaten Bauunternehmen) und der »abusivi« auf ein Laissez-faire zurückzog.

Wir stehen hier einem leider gewichtigen Phänomen gegenüber, das von den landläufigen Kritiken des Kapitalismus oft unterschätzt wird: Nach einigen Jahrhunderten des Industriekapitalismus erscheint dieser der Bevölkerung nicht mehr als eine Tyrannis, als ein Joch, das man missmutig erträgt, als eine Zwangsjacke, derer man sich so schnell wie möglich entledigen will. Der Industriekapitalismus hat vermocht, sich im Zentrum wie an der Peripherie des Weltsystems gleichzeitig als *unhintergehbar* und *wünschenswert* darzustellen. Der Großteil der Auseinandersetzungen und Diskussionen dreht sich also um die *Verteilung* des Kuchens, nicht um dessen *Wesen*, um das *Quantitative* und nicht um das *Qualitative*. Wieviel Quadratmeter für jeden? Ob aus Beton oder Stein, ist egal. Wieviel Fleisch pro Tag? Ob es Antibiotika oder Dioxin enthält, spielt keine Rolle.

Die Häuser von denen bauen zu lassen, die sie bewohnen, bietet also keine Qualitätsgarantie, so lange »die Misere und der Verzicht der Massen, die die Abfallprodukte des Glücks ihrer Herren verinnerlicht haben«,[116] andauern. Es wird sicher nötig sein, allen Architekten[117] zu kündigen – das ist das mindeste – und die Bau-

116 Guy Debord, »Constant et la voie de l'urbanisme unitaire«, in: *Œuvres*, op. cit., S. 448.

117 Die Situationisten bekräftigten 1962, dass »die Spezialisten der Meinungsforschung (...) eines Tages mit großem Staunen erleben, wie man die Architekten auf den Straßen von Sarcelles hetzt und aufhängt« (»Du rôle de l'I. S.«, in: *Internationale situationniste* Nr. 7, S. 19, »Die Rolle der I. S.:« in *Texte der Situationistischen Internationale*, Heft II, S. 29. Sarcelles war eine der ersten Satellitenstädte von Paris). Heutzutage kann man nicht mehr so sprechen – das wäre ja Verherrlichung von Gewalt! Doch im neunzehnten Jahrhundert erklärte der konservative englische Staatsmann Benjamin Disraeli in dem von ihm verfassten Roman *Tancred* (1847): »Was in der Architektur, wie in so vielen anderen Dingen fehlt, ist – ein Mann. Ein Ausschuss zur Hebung des Geschmacks? Statt der Mittelmäßigkeit des einzelnen die Mittelmäßigkeit der vielen! Kein Beruf in England hat etwas geleistet, bevor er ein Opfer dargebracht hat (...) Und sogar unsere vielgerühmte Flotte hat keinen großen Sieg erfochten, bevor wir einen Admiral erschossen haben. Wie wäre es, wenn man einen Architekten aufhinge?« Benjamin Disraeli, Earl of Beaconsfield, *Tancred oder Der neue Kreuzzug*, Erwin Löwe, 1936. S. 85; die Stelle wird bei Olivier Barancy, *Misère de l'espace moderne*, op. cit., S. 135 zitiert. Disraeli spielt auf einen Admiral des achtzehnten Jahr-

kunst dem Einfluss des Staats und der Wirtschaft zu entziehen; aber es wäre nicht sehr empfehlenswert, alle zeitgenössischen Subjekte dazu zu animieren, ihre eigenen Bauvorstellungen zu verwirklichen. Man liefe sonst Gefahr, sich mit der Parodie einer großen Anzahl der Scheußlichkeiten aktueller Architektur wiederzufinden. Im *Elementarprogramm des Büros für Unitären Urbanismus* von 1961 sprachen die Situationisten Attila Kotanyi und Raoul Vaneigem sehr hellsichtig von dem »Moment, in dem die – als solche immer noch nicht vorhandenen – Individuen frei ihre eigene Geschichte konstruieren«;[118] im folgenden Jahr beschwor die gleiche Zeitschrift »die Befreiung eines jetzt bei allen verdrängten Bautriebs – eine Befreiung, die ohne die anderen Aspekte der Eroberung eines authentischen Leben nicht denkbar ist.«[119]

Subjekte ohne Spiegel

Gebäude im Selbstbau von heute haben wenig mit der traditionellen oder vernakulären Architektur zu tun. Warum weist diese einen derartigen Reichtum auf? Die Antwort kann nur lauten: Die Individuen, die da bauten, hatten einen Stil, ein Maß, eine Art, Dinge zu tun, verinnerlicht. Ihre Neigungen, ihr persönlicher Geschmack hatten wenig Gewicht. Es gab ein kollektives Herangehen, das generell Abweichungen zuließ, aber immer nur innerhalb eines Modells, einer Bandbreite. Und vor allem gab es weder die Baustoffe noch die Technologien, die in der Folge die Revolutionen der modernen Architektur hervorbrachten.

Betrachtet man die Vollkommenheit eines mediterranen Dorfes oder eines *Tulou*, die oft kreisrunden Hausdörfer aus Ton und Erde der Gemeinden der Hakka der Provinz Fujian in China, die Hunderte von Menschen rund um einen Hof beherbergen, stellt sich unwillkürlich eine interessante Frage. Ist es wirklich immer wünschenswert, dass das Subjekt sein »getreues Abbild« in der

hunderts an, der nach einer Niederlage hingerichtet wurde. Man sieht, dass Menschen, die alles voneinander trennt, auf denselben Gedanken kommen können, wenn sie an Architekten denken.

118 *Internationale situationniste* Nr. 6, S. 18 (S. 216 in der Fayardausgabe).

119 »Critique de l'urbanisme«, in: *Internationale situationniste* Nr. 6, S. 9 (S. 207 in der Fayardausgabe).

Welt, die es erschafft, findet? Was hier auf dem Spiel steht, ist das ehrwürdige Konzept der *Entfremdung*. Die Entfremdung, so wie sie Marx definiert hat, ist ein Widerspruch zwischen dem Subjekt und der Welt, die das Subjekt erschafft, wenn es seine Schöpfungen nicht kontrollieren kann – vor allem weil die Produktionsmittel das private Eigentum eines anderen sind. Der junge Marx hat dieses Konzept von Hegel und Feuerbach übernommen. In den *Ökonomisch-philosophischen Manuskripten aus dem Jahre 1844* schrieb er:

> »Eben in der Bearbeitung der gegenständlichen Welt bewährt sich der Mensch daher erst wirklich als ein Gattungswesen. Diese Produktion ist sein werktätiges Gattungsleben. Durch sie erscheint die Natur als sein Werk und seine Wirklichkeit. Der Gegenstand der Arbeit ist daher die Vergegenständlichung des Gattungslebens des Menschen: indem er sich nicht nur eine im Bewußtsein intellektuell, sondern werktätig, wirklich verdoppelt und sich selbst daher in einer von ihm geschaffnen Welt anschaut.«[120]

In seinem Handeln gegenüber der Außenwelt – seiner »Arbeit« – verwirklicht der Mensch sein Wesen und kann sich in der Welt wie in einem Spiegel betrachten, der diese menschliche Natur widerspiegelt und dabei verdoppelt. Dieser Zustand also wäre ein nicht entfremdeter. Objekt und Subjekt, Individuum und Gesellschaft stellen dann keinen Widerspruch dar:

> »Wir haben gesehn. Der Mensch verliert sich nur dann nicht in seinem Gegenstand, wenn dieser ihm als menschlicher Gegenstand oder gegenständlicher Mensch wird. Dies ist nur möglich, indem er ihm als gesellschaftlicher Gegenstand und er selbst sich als gesellschaftliches Wesen, wie die Gesellschaft als Wesen für ihn in diesem Gegenstand wird. Indem daher überall einerseits dem Menschen in der Gesellschaft die gegenständliche Wirklichkeit als Wirklichkeit der menschlichen

120 Karl Marx, *Ökonomisch-philosophische Manuskripte aus dem Jahre 1844*, in: Abschnitt XXIV MEW, op. cit.

Wesenskräfte, als menschliche Wirklichkeit und darum als Wirklichkeit seiner eignen Wesenskräfte wird, werden ihm alle Gegenstände als die Vergegenständlichung seiner selbst, als die seine Individualität bestätigenden und verwirklichenden Gegenstände, als seine Gegenstände, d. h. Gegenstand wird er selbst.«[121]

»Gegenstand« und »gegenständlich« bezeichnen hier nicht nur das dem Subjekt entgegengestellte Objekt des Bewusstseins, sondern auch das konkrete und materielle Objekt. »Wesenskräfte« sind die Kräfte, die dem Menschen als solchem zugehören, wie die »Gattungskräfte«.

Doch diese Einheit, wenn es sie denn je gegeben hat – Marx lässt sich darüber nicht weiter aus – zerbricht mit dem Auftauchen des Privateigentums, das die Entfremdung herbeiführt. Der Mensch – oder zumindest der Proletarier – sieht sich von der Welt, die er herstellt, enteignet.[122] Die Entfremdung selbst produziert gleichzeitig in der Form der industriellen Entwicklung die Voraussetzungen des Kommunismus, der diese Entfremdung abschaffen und zur Verwirklichung des Potenzials der »Gattung«, das heißt des Menschen führen wird:

> »Das wirkliche, tätige Verhalten des Menschen zu sich als Gattungswesen oder die Betätigung seines als eines wirklichen Gattungswesens, d. h. als menschlichen Wesens, ist nun möglich dadurch, daß er wirklich alle seine Gattungskräfte – was

121 Karl Marx, *Ökonomisch-philosophische Manuskripte aus dem Jahre 1844*, in: Abschnitt VII. MEW, op. cit.

122 In *Die Gesellschaft des Spektakels* greift Debord die Konzepte des jungen Marx auf und schreibt: »Der Arbeiter produziert nicht sich selbst, sondern eine unabhängige Macht. Der Erfolg dieser Produktion, ihr Überfluß, kehrt zum Produzenten als Überfluß der Enteignung zurück.« (§ 31) Als Debord 1973 sein Buch »verfilmte« und dazu »zweckentfremdete« Bilder verwendete, zeigte er zu diesem Satz »Arbeitsimmigranten am Fuß von gigantischen Bauwerken, die sie im Bezirk ›La Défense‹ hochziehen« (*Œuvres*, op. cit., S. 1202, siehe auch: Guy Debord, *Das filmische Gesamtwerk*, ed. Werner Rappl, SYNEMA Gesellschaft für Film und Medien, Wien 2019).

> wieder nur durch das Gesamtwirken der Menschen möglich ist, nur als Resultat der Geschichte – herausschafft, sich zu ihnen als Gegenständen verhält, was zunächst wieder nur in der Form der Entfremdung möglich ist.«[123]

Eine gewisse Geschichtsteleologie, wonach der Industriekapitalismus eine sicher schmerzliche, aber notwendige Etappe zum kommunistischen Ziel hin darstellt, das die vom Kapitalismus entfesselten Produktivkräfte erben wird, findet sich in verschiedenen Stadien des Marx'schen Denkens und erscheint heute als einer seiner problematischsten Aspekte.

Wir stehen hier einem Paradoxon gegenüber: Viele Bauten der Vergangenheit können uns entschieden bewundernswert erscheinen, genauso wie viele künstlerische, literarische oder musikalische Ausdrücke der Vergangenheit. Allerdings, und das wird selten bedacht, erlaubt uns nichts anzunehmen, dass deren Erbauer und Schöpfer immer bewundernswert waren. Und wenn etwa im Fall der Dichtung oder der Malerei man noch das »Genie« oder den »großartigen Schöpfer« ins Spiel bringen kann, dann muss man im Fall der traditionellen Architektur gerade ihren anonymen und kollektiven Charakter betonen (aber das gilt auch für ein Gutteil der traditionellen Literatur, Kunst und Musik, jedenfalls wenn man den bürgerlichen Kultus des »großen Individuums« ablehnt). Die Gesellschaften, als deren Ausdruck die vernakulären Bauwerke entstanden, waren für einen großen Teil der Bevölkerung, die der Religion und allen möglichen Hierarchien unterworfen waren, im Allgemeinen unterdrückerische Gesellschaften. Was die einzelnen Menschen betrifft, so legt uns alles, was wir von der Zeit der Errichtung dieser Bauten wissen, nahe, dass sie nicht »besser« als wir waren, sondern im Durchschnitt ebenso egoistisch und habgierig, ebenso beschränkt und materialistisch, und – wie man heute sagen würde – »sexistisch« und »rassistisch«. Man könnte daraus den überraschenden Schluss ziehen, dass die Bauten *besser* waren als ihre Schöpfer. *Sie waren schön, weil sie nicht deren »getreues Ab-*

123 Karl Marx, *Ökonomisch-philosophische Manuskripte aus dem Jahre 1844*, in: Abschnitt XXIII MEW, op. cit.

bild« waren. Die kollektiven Schöpfungen besaßen einen Adel und eine Schönheit, an denen es den Menschen, die sie hergestellt hatten, mangelte, wenn man sie einzeln für sich betrachtet. Diese Entfremdung ist einer Situation vorzuziehen, in der der Mensch »sich selbst (daher) in einer von ihm geschaffnen Welt anschaut«.

Wie so etwas erklären? Im Wesentlichen, indem man sagt, dass der Mensch als Kollektiv, als Gattungswesen, als kollektives Unbewusstes dem Individuum und seinem Bewusstsein weit überlegen ist. Das zeigt sich ganz deutlich in der Sprache. Die Sprache ist unendlich intelligenter als jedweder Sprecher. Die Sprache spricht uns – es ist hier nicht nötig, sich auf den linguistischen Strukturalismus zu berufen, um diese Selbstverständlichkeit zuzugeben. Der ungebildeteste, kulturloseste Mensch bedient sich eines Instruments unendlicher Komplexität, ohne dessen Regeln überhaupt zu kennen und ohne zu wissen, wie er das zu tun gelernt hat. Im Vergleich zur Tatsache, überhaupt sprechen zu können, eine Grammatik, eine Syntax, einen Wortschatz zu gebrauchen, wie eingeschränkt sie auch sein mögen, ist der Unterschied zwischen einem Gaston Dominici[124] und einem Gustave Flaubert vernachlässigbar.

Traditionelle Architektur, und Kunst überhaupt, muss man wie eine Sprache betrachten: eine Struktur, die nicht angeboren ist, aber in jungen Jahren und unbewusst erlernt wird und dann allem, was die Einzelnen sagen oder bauen, Form gibt. Diese »Weisheit«, die in ihren Strukturen niedergelegt ist, zwingt sich den Ausführenden auf und verleiht ihnen oft ihre Anmut. Und tatsächlich gibt es keine misslungene oder hässliche traditionelle Architektur; sie ist höchstens mehr oder weniger anziehend, je nach Geschmack. Das ist auch die Grenze des Eigenbaus, inklusive des besseren, das heißt, der keine billige Nachahmung dessen ist, was die Häuschenbauer für »modern« halten, sondern eine Bestrebung, individuelles

124 Gaston Dominici war ein Bauer aus der Provence, der 1954 im Alter von 77 Jahren des dreifachen Mords angeklagt wurde und sich während eines Aufsehen erregenden Prozesses mit einem Wortschatz von ungefähr 35 französischen Wörtern (neben seinem für das Gericht unverständlichen Okzitanisch) verteidigte, wie der Schriftsteller Jean Giono berichtete, der den Prozess verfolgte (*Notes sur l'affaire Dominici*, Gallimard, Paris 1955).

Herangehen an die Welt mit Respekt vor der Umwelt zu vereinen (man kann im Nordosten der Vereinigten Staaten schöne Beispiele davon finden). Es ist gerade der Individualismus ihrer Urheber, der Versuch, der Routine und der Standardisierung, die allenthalben herrscht, zu entgehen und dafür eine große Vielfalt an »persönlichen« Gebäuden zu schaffen, der zum Verlust eines der wichtigsten Aspekte der traditionellen Bauwerke führt: ihre Einheit auf der Grundlage der Diversität. Keines gleicht dem anderen jemals ganz, und doch sind sie offenbar alle aus derselben Wurzel entsprossen – wie die Mitglieder einer Familie.

Hier wie anderswo zeigt sich, dass der seit dem siebzehnten Jahrhundert vom Industriekapitalismus eingeleitete wahrhaftige Bruch in der Zerstörung aller Mittel der Zivilisation besteht, die durch Jahrtausende hindurch entwickelt wurden, um die Menschen zu »erziehen«.[125]

125 An dieser Stelle erlaube ich mir, auf eines meiner Bücher hinzuweisen: *La Société autophage. Capitalisme, démesure et autodestruction*, La Découverte, Paris 2017.

Kapitel 5
Geschichte der Geraden

Die reinen geometrischen Formen – Gerade, rechter Winkel, Dreieck, Kreis – kommen in der Natur, zumindest bei den Lebewesen, höchst selten vor. Die ersten Unterkünfte der Menschen – Zelte, Hütten, Höhlen, Löcher, Baumhäuser – waren offensichtlich nicht geometrisch. Runde Formen waren noch in den neolithischen Siedlungen oft anzutreffen und sind es manchmal, wie in einigen afrikanischen Dörfern,[126] auch noch heute. Aber die kreisförmigen Bauten, auch die aus Stein, können keine gemeinsamen Mauern haben und deshalb meist keine ausgedehnteren Einheiten bilden, über mehrere Etagen verfügen oder unterteilt werden. Es gibt wenig zu variieren. Man könnte also sagen, dass die Architektur erst begonnen hat, als man über die runde Hütte hinausging und die gerade Linie ins Spiel brachte. Die Architektur, auch in ihren Anfängen, basiert im Wesentlichen auf rechtwinkeligen Formen und damit auf einem radikalen Bruch mit der Natur, besonders mit dem menschlichen Körper. Das ist für sich genommen weder gut noch schlecht.

Aber die geometrischen Formen und vor allem die Gerade in der *Architektur* bedeuten nicht notwendigerweise geometrische Formen und gerade Linien im *Urbanismus*. Das sind zwei ganz verschiedene Bereiche. Eines der durchgängigsten Charakteristika der traditionellen Architektur ist das seltene Vorkommen langer gerader Straßen. In den neolithischen Dörfern, den arabischen Kasbahs oder den mittelalterlichen Städten sind die Hausmauern im Allgemeinen gerade (sie bilden aber nicht immer Vierecke, sondern haben oft unregelmäßige Grundrisse), während das Gesamtbild keine rechten Winkel aufweist, schon gar nicht im Verlauf der

126 Siehe Christian Seignobos, *Montagnes et hautes terres du Nord Cameroun*, Parenthèses, Marseille 1982.

Straßen. In der Antike gab es allerdings schon Städte mit geraden Straßen, die einander im rechten Winkel schnitten, wie bestimmte griechische Pflanzstädte seit dem siebten Jahrhundert v. u. Z.; man nennt sie schach- oder damebrettartig geplante (oder quadratische oder orthogonale) Städte. Man findet sie auch in Städten Ioniens, einer Region, die gleichermaßen als Geburtsstätte der Philosophie und des Gelds bekannt wurde.[127] Man spricht auch vom »miletischen« oder »hippodamischen Schema« oder »System« (nach dem griechischen Architekten Hippodamos von Milet, der im fünften Jahrhundert v. u. Z. in der ionischen Stadt lebte). Gewisse hellenistische und römische Städte wurden in diesem Schachbrettraster erbaut oder neu gestaltet. Auch in Amerika folgten die Inkas, die Azteken und andere Kulturen einem orthogonalen Urbanismus. Selbst in einem spontanen Urbanismus fehlen rechtwinkelige Formen nicht immer. Aber sie bleiben selten. Im Mittelalter waren sie selten anzutreffen, was einer Gesellschaft entsprach, in der die Macht zersplittert und der Staat schwach war. Man findet sie daher hauptsächlich an Orten, die aus militärischen Gründen systematisch geplant wurden, wie den »Bastides« genannten Wehrdörfern im Südosten Frankreichs.

Die Rechtwinkligkeit und andere geometrische Formen wie Kreis und Oval nehmen mit der Entwicklung des modernen Staats seit dem fünfzehnten Jahrhundert an Umfang zu. Die *Macht* zieht ihr Netz zunehmend enger über alle Bereiche der Gesellschaft. Sie will in allen Köpfen Ordnung (*ihre* Ordnung) schaffen. Die Städte der Renaissance, gefolgt von den Stadtgründungen der Fürsten des Barockzeitalters (St. Petersburg ist eines der hervorragenden Beispiele), die Festungsstädte und die Städte in den Kolonien, vor allem in Lateinamerika, führen die Norm der langen, geraden und breiten Straßen ein. Die neuen Urbanisten wandten sich also von der mittelalterlichen Stadt ab, wo sie nichts als Gewimmel sahen und dabei ignorierten, dass es sich hier um eine *andere Form* von Ordnung handelte, weniger euklidisch, aber darum nicht weniger

127 Siehe dazu Alfred Sohn-Rethel, *Warenform und Denkform*, Suhrkamp, Frankfurt a. M. 1971 (Die französische Ausgabe *La Pensée-marchandise* habe ich mit einem Vorwort versehen.)

wirklich. Die Renaissance zelebrierte dann nicht nur die »Würde des Menschen«, sondern verstärkte auch die Verwaltung des Menschen durch den Menschen. So sagte im Jahr 1475 Ferrante, König von Neapel, »als er mit dem Papst sprach, (dass) er dieses Gebiets nicht Herr würde und es nicht beherrschen könne auf Grund der Toreinfahrten mit ihren Vorbauten und der engen Straßen und der Balkone, die es da gab; und, sollte es nötig sein, Bewaffnete in Rom einzusetzen, dass die Frauen sie mit Geschoßen von eben jenen Balkonen in die Flucht treiben würden und dass ihnen der Weg leicht abgeschnitten werden könne. Er riet ihm, die Einfahrten und Balkone abzureißen und die Straßen zu verbreitern. Der Papst befolgte seinen Rat und seitdem wurden, wo es nur ging, die Balkone und Torerker abgerissen und die Straßen unter dem Vorwand, sie zu pflastern und zu schmücken, verbreitert.«[128] Der Papst erließ auch wirklich die Bulle *Pro instauratione urbis* und begann mit einem Programm der urbanen Neugestaltung. Diese beschleunigte sich ab 1500, als sie dem Künstler und Architekten Donato Bramante (1444–1514) überantwortet wurde. Im Jahr 1508 wurde die Via Giulia eröffnet, die erste lange geradlinige Straße in Rom seit der Antike.[129] Zu dieser Zeit, ganz wie heute, musste man in der Stadt vor dem Bauen erst einmal abreißen, und Bramante tat das mit derartigem Eifer, dass man ihm den Spitznamen »Maestro ruinante« gab. Der Humanist Andrea Guarna veröffentlichte 1517 auf Latein sogar eine Satire mit dem Titel *Simia* (»Der Affe«), in der Bramante nach seinem Tod im Paradies vorstellig wird. Dem Heiligen Petrus, der ihm seine Demolierungen vorwirft, antwortet er mit dem Vorschlag, das Paradies neu zu gestalten.

Was die Öffentlichkeit am meisten schockierte, waren Teilabrisse der antiken Petersbasilika, die zur Gänze neu errichtet werden sollte. Der Plan Bramantes, der dann von Michelangelo und anderen abgeändert wurde, sah für die neue Basilika eine Kuppel aus

128 Stefano Infessura, *Diario della città di Roma* (Übersetzung G. W.); ein Tagebuch aus dem fünfzehnten Jahrhundert. Das Zitat findet sich bei Hubertus Günther, »Das Trivium vor Ponte S. Angelo«, in: *Römisches Jahrbuch für Kunstgeschichte*, Bd. 21, 1984, S. 171.

129 In Paris sollte es noch ein Jahrhundert dauern, bis man eine erste gerade ausgerichtete, aber doch kürzere Straße sah: die Rue Dauphine.

Tuffbeton nach dem Vorbild des Pantheons vor. In vielerlei Hinsicht war Bramante der Prototyp des modernen Architekten. Er stieß indessen auf hartnäckigen Widerstand eines Teils der Einwohnerschaft Roms, der seine Gewohnheiten verteidigte, in den Straßen und Gassen Hühnerställe, Läden, Balkone und andere kleine Bauten aufzurichten. Schließlich ließ Bramante diese Gewohnheiten schon im Voraus in seine Pläne einfließen. Die Stände der Händler aus dem Inneren der Kirchen zu entfernen, erwies sich als so schwierig, dass sein – nicht ausgeführter – Plan für die Kirche Santi Celso e Giuliano kleine Geschäfte an den Außenmauern des Gebäudes selbst vorsah. Der Beginn des sechzehnten Jahrhunderts in Rom war von einer ersten Form von Urbanismus und der – noch recht eingeschränkten – Einführung radialer Blickachsen in dem unregelmäßigen Geflecht, um nicht zu sagen: Labyrinth, der mittelalterlichen Stadt geprägt, wie dem *Trivium* vor der Engelsbrücke.[130]

In der Folge fällt die Geschichte des Urbanismus weitgehend mit der Geschichte der Geraden und anderer regelmäßiger geometrischer Formen zusammen. Das Verlangen der Ordnungskräfte danach, rebellierende Massen mit Kavallerie oder Artillerie angreifen zu können, ohne den Wurfgeschoßen aus Fenstern und Balkonen ausgesetzt zu sein (was oft genug und zu Schimpf und Schande der Soldaten von Frauen erledigt wurde!) und ohne Barrikaden erobern zu müssen, was so deutlich in der nach der Revolution von 1848 angegangenen »Hausmannisierung« von Paris zu sehen ist, ist dafür das offensichtlichste Motiv. Aber das ist nur der Schlusspunkt einer Logik, die viel früher eingesetzt hatte.[131]

130 Siehe Hubertus Günther, »Das Trivium vor Ponte S. Angelo«, op. cit.

131 Die Zerstörungswut, um neu bauen zu können, war in Paris schon immer sehr ausgeprägt, auch vor dem Zweiten Empire. Victor Hugo bemerkte 1830: »Man will Saint=Germain=l'Auxerrois zum Behuf der Abschnürung eines Platzes, oder einer Straße demoliren; eines Tages wird man Notre=Dame zerstören, um den Vorhof der Kirche zu vergrößern; eines Tages wird man Paris schleifen, um la plaine des Sablons [einen Exerzierplatz an der Grenze des Bois de Boulogne] zu vergrößern.« (*Journal des idées et des opinions d'un révolutionnaire de 1830*, Notiz aus dem Februar, in: *Victor Hugo's sämmtliche Werke*, Zehnter Band, Zur Literatur und Philosophie – Claude Gueux, Säuerländer, 1836, S. 187). Wenn man das Musée Carnavalet besucht, das der Geschichte von Paris ge-

Auf einem tieferen Niveau findet man gleichermaßen den für die Moderne konstitutiven Hass auf alles, was unkontrollierbar, organisch, labyrinthisch, fragmentiert, unvorhersehbar ist. So äußerte sich im Jahr 1637 René Descartes, ein wahrhafter Gründervater des modernen Denkens:[132]

> »Unter diesen (Gedanken) war einer der ersten, den zu bedenken ich mir vornahm, derjenige, dass die aus mehreren Stücken zusammengesetzten und durch die Hände verschiedener Meister erstellten Werke oft nicht so vollkommen sind wie diejenigen, an denen nur ein einzelner gearbeitet hat. Ebenso sieht man, dass Bauten, die ein Architekt allein unternommen und vollendet hat, für gewöhnlich schöner und besser geordnet sind als solche, die mehrere zu verbessern versucht haben, indem sie sich alter Mauern bedienten, die zu anderen Zwecken gebaut worden waren. Ebenso sind jene alten Städte, die anfänglich nicht mehr als Burgflecken waren und erst im Laufe der Zeit zu großen Städten angewachsen sind, für gewöhnlich – im Vergleich zu jenen regelmäßigen Anlagen, die ein Ingenieur frei entwerfend in eine Ebene zeichnet – so schlecht abgesteckt, dass man zwar, erwägt man jedes der Gebäude für sich, oft ebenso viel oder mehr Kunstfertigkeit als in anderen Städten findet; sieht man aber, wie sie (die Gebäude) angeordnet sind, hier ein großes, dort ein kleines, und wie sie die Straßen krumm und uneben machen, so würde man meinen, dass es eher der Zufall als der Wille von einigen Menschen, die ihre Vernunft gebrauchen, war, der sie derart angeordnet hat. Und wenn man bedenkt, dass es doch zu jeder Zeit einige Beamte gab, die die Aufgabe gehabt haben, die Gebäude der Privatleute zu beaufsichtigen, um sie in den Dienst der öffentlichen

widmet ist, wird man durch die Anzahl der Tafeln verblüfft, die nicht die Errichtung neuer Bauten, sondern die Zerstörung alter Gebäude zeigen! *L'Histoire du vandalisme. Les monuments détruits de l'art français* von Louis Réau (1959, 1994 bei Robert Laffont wiederaufgelegt und aktualisiert) ist ein unverzichtbares Werk zu diesem Thema.

132 Wie ich im ersten Kapitel von *La Société autophage*, op. cit., zu erläutern versuche.

> Verschönerung zu stellen, so wird man gut erkennen können, dass es schwierig ist, nur durch Arbeit an den Werken anderer die Dinge gänzlich vollendet zu machen.«[133]

Und so nannte man dann auch geplante Städte wie Richelieu in der Touraine, die zu dieser Zeit errichtet wurden, »Cartesianische Städte«, die wirklich ohne »gewundene und ungerade Straßen«, diesem Albtraum der Herrschaft, auskamen. Lewis Mumford, der große Historiker der Stadt, kommentiert diese Passage bei Descartes so:

> »Schärfer kann der Gegensatz zwischen den beiden Denkweisen, der organischen und der mechanischen, kaum hervortreten: jene entspringt der Gesamtlage, diese vereinfacht die Tatsachen des Lebens zu einem künstlichen System von Begriffen, die dem Geist wertvoller sind als das Leben selber. Die eine arbeitet bereitwillig mit ›Material, das andere geschaffen haben‹, lenkt diese anderen vielleicht, aber läßt zunächst einmal ihr Dasein gelten und begreift ihr Wollen; die andere ist die Denkweise des barocken Despoten, der auf seinem Recht, seiner Ordnung und seiner Gesellschaft besteht; sie wird von einer einzigen sachkundigen Autorität auferlegt, die auf Be-

133 René Descartes, *Discours de la méthode*, Reclam, 2019, S. 27f. Im Gegenzug sang einer der Wortführer der Renaissance und ihrer Baukunst, Leon Battista Alberti, lieber das Loblied auf die gewundene Straße. In seinem großen Traktat *De Re aedificatoria* (1485 gedruckt) schrieb er: »Innerhalb der Stadt aber soll sie [die Straße] nicht gerade, sondern wie ein Fluß hierhin und dorthin und wieder nach derselben früheren Seite in weicher Biegung gekrümmt sein. Denn außerdem, daß sie dort, wo man sie weiter überblicken kann, die Stadt größer erscheinen läßt, als sie ist, trägt sie in der Tat auch zur Schönheit, Zweckmäßigkeit und zu den wechselnden Bedürfnissen der verschiedenen Zeiten außerordentlich bei. Und wie schön wird es sein, wenn sich einem beim Spazierengehen auf Schritt und Tritt allmählich neue Gebäudeansichten anbieten, so daß jeder Hauseingang und jede Schauseite mit ihrer Breite mitten auf der Straße aufmarschiert und daß, obzwar anderswo eine zu große Weite unschön und auch ungesund, hier ein Übermaß von Vorteil ist.« (Leon Battista Alberti, *Zehn Bücher über die Baukunst*, Heller & Co, Wien, Leipzig 1912. Buch IV, Kapitel V, S. 201).

fehl des Fürsten arbeitet. Für den Höfling und den Finanzmann, die innerhalb des barocken Systems lebten, war diese äußerliche Ordnung tatsächlich organisch und verkörperte die Werte, die sie als Klasse sich selber geschaffen hatten. Für die Außenstehenden bedeutete sie jedoch eine Verleugnung der Wirklichkeit.«[134]

Mumford analysiert die Monotonie der »barocken Tyrannis« und ihre militärischen Ursprünge ebenso wie ihre Ausrichtung auf die Residenz des Fürsten. Diese Architektur führt direkt zum Werk Hausmanns. Mumford stellt Siena San Francisco gegenüber und schreibt: »Von einem sowohl strukturellen wie auch ästhetischen Gesichtspunkt aus hat eine organische Darstellung, die sich nicht darauf zurückzieht, eine bruchstückhafte Unterteilung zu verwirklichen und jede phantasievolle Anstrengung zu vermeiden, kein Problem, ihre Überlegenheit zu zeigen.« Die Schachbrettplanung hingegen ist hervorragend an die wirtschaftlichen Erfordernisse und die neuen Bürokratien angepasst.[135]

Nach der Einigung Italiens 1861 ließen die Verwaltungen vieler Städte gerade Straßen bauen, die voller Brutalität wie ein Messer durch die Geflechte der mittelalterlichen Viertel schnitten. Der Corso Vittorio Emanuele II in Rom ist dafür ein gutes Beispiel.

Auch ohne ausgesprochene Bezugnahme auf die Notwendigkeit, die Bürger leichter töten zu können, drückte Le Corbusier von Anfang an seinen Hass auf gewundene Straßen aus, die er zu Gunsten einer »Verkehrsmaschine« unterdrücken wollte, einer »langgezogenenen Fabrik« (*usine en longeur*).[136] Die Abschaffung der Straßen spielte in seinen Entwürfen eine zentrale Rolle: Sie sollte durch amorphe Stätten wie Gärten und Parkplätze zwischen den Gebäuden und durch Flure in ihrem Inneren ersetzt werden. Die Besessenheit Le Corbusiers von rechten Winkeln (denen er sogar ein »Gedicht« widmet) passte zu seiner Besessenheit von »Ordnung«

134 Lewis Mumford, *Die Stadt. Geschichte und Ausblick* [1961], Arthur Niggli, Salenstein 1963, S. 458.

135 Ibid., S. 492f.

136 Zitiert bei Olivier Barancy, *Misère de l'espace moderne*, op. cit., S. 82.

im Allgemeinen und wohl auch zu dem, was die Psychoanalyse den »analen Charakter« nennt, typisch für autoritäre Gestalten.[137] Seit seinem Buch *Urbanisme* (1925) drückte er seine Verachtung für die »Eselswege« und für Städte aus, die »über Eselswegen gebaut wurden«, wie »Paris, Rom, Istanbul«.[138]

Zahlreiche Bauten der letzten Jahrzehnte (»liquid architecture« der Postmoderne) wandten augenscheinlich den Vorschreibungen Le Corbusiers den Rücken zu und führten manchmal Kurven, konkave und konvexe, irreguläre und »fraktale« Linien ein.[139] Aber dadurch kommt die Straße nicht zurück, und alle Versuche, sie wieder zum Leben zu bringen, sind ebenso ergebnislos wie die Bemühungen, verstummte Dialekte und Regionalsprachen wiederzubeleben. Die Fußgängerzonen sind dafür das schlagende Beispiel. Man hat sie eingerichtet, nachdem man zugeben musste, dass die Autos das Stadtleben abtöten. Aber der guten Absicht ist nur selten Erfolg beschieden. Im Allgemeinen verwandeln sich Straßen ohne Autos in Einkaufszentren unter offenem Himmel, wo die alten Bauten nur als schmückende Fassade dienen. In diesen Fußgängerzonen kann man keine Sessel vor die Türen stellen, um dort zu sit-

137 Man kann ihn auch eher einen typischen Vertreter der Bourgeoisie seiner Zeit, der fordistischen Epoche, nennen, als, wie es der Architekturgeschichtler Bruno Zevi gemacht hat, sein »Schweizer Uhrmachergemüt« herauszustellen (zitiert in: Marcello Faletra, »Urbanistica e architettura come psicopatologie«, in: Marcello Faletra/Serge Latouche, *Hyperpolis. Architettura e capitale*, Meltemi, Milano 2019, S. 46). Obzwar Le Corbusier wirklich aus einem Schweizer Uhrmachermilieu stammt, ist es nicht gerecht, eine dermaßen schwere Schuld einem Umfeld aufzuhalsen, das vor seiner Geburt eine der Hochburgen der anarchistischen Bewegung war.

138 Le Corbusier, *Städtebau*, op. cit., S. 7.

139 Man spricht oft davon, dass die Sprengung der Wohntürme von Pruitt-Igoe in Saint-Louis (Missouri) 1972 das Ende des Modernismus einläutete. Diese dreiunddreißig Hochhäuser zu elf Etagen, die zehntausend Personen in gemischten »Sozialwohnungen« ab 1956 aufnehmen sollten, waren ein dem Vorbild getreues Nebenprodukt der Cité radieuse. Ihr Architekt Minoru Yamasaki war fünfzehn Jahre später für den Bau des World Trade Center verantwortlich – er hatte definitiv kein Glück mit seinen Gebäuden! Aber der Modernismus ist nicht tot, und seine Nachfolge – die Postmoderne – ist um nichts besser.

zen und mit den Nachbarn zu plaudern; Kinder können dort nicht Ball spielen. Die Straßen müssen ihre Befreiung vom Autoverkehr erst *verdienen*, indem sie beweisen, dass sie gegenüber den Autostraßen einen zusätzlichen Mehrwert produzieren. Es ist genauso unmöglich, ein echtes städtisches Leben künstlich herzustellen, wie handwerkliche Produkte für Touristen in einer Welt, die industriell bleibt.

Rudofskys wunderschönes Buch *Straßen für Menschen*[140] stellt – mit derselben Mischung großartiger Illustrationen und sarkastischer Bemerkungen wie in seinen anderen Werken – das Fehlen von Straßen und ganz allgemein eines urbanen Lebens in den Vereinigten Staaten, das seinem Namen gerecht würde (und so lautet der Untertitel der amerikanischen Originalausgabe auch *A Primer for Americans* [Ein Handbuch für Amerikaner]), der Bedeutung der Straße in europäischen und vornehmlich italienischen Städten gegenüber. Aber dieses Buch stimmt heute doppelt wehmütig: zunächst, weil die in Italien aufgenommenen Fotos spätestens vom Ende der 1960er-Jahre stammen. Sie sind eine Art letzten Portraits des Verstorbenen, ein unfreiwilliger Grabgesang, ein letztes Zeugnis dessen, was bald drauf verschwinden sollte. Italien wurde von einer rasanten Autoseuche befallen, die noch schlimmere Auswirkungen hatte als anderswo, da das Land noch mehr zu verlieren hatte. Das Buch verbreitet aber auch deshalb Melancholie, weil Rudofsky noch an die Möglichkeit zu glauben schien, die Städte den Fußgängern zurückzugeben – was von der Wirklichkeit grausam widerlegt wurde.

Einer der Hauptansprüche moderner Herrschaft ist es, alles zu sehen, alles zu kontrollieren; man kennt ja die bezeichnende Rolle des sogenannten »panoptischen« Gefängnisses, wie es 1780 in England von Jeremy Bentham vorgeschlagen wurde. Die langen geraden Adern, die die modernen Städte durchziehen, dienen nicht nur dazu, auf Aufständische zu schießen, sondern auch zu verhindern, dass jemand auch nur daran denkt, zum Aufstand zu

140 Zuerst Bernard Rudofsky, *Streets for People. A Primer for Americans*, Doubleday, New York 1969 (Deutsch: Straßen für Menschen, Residenz, Salzburg 1995).

schreiten: Die Bürger müssen wissen, dass sie von jemandem beobachtet werden – *Big Brother is watching you* – und dass es keine dunklen Ecken gibt, in die man sich zurückziehen kann, um gegen die bestehende Ordnung zu konspirieren, keine Labyrinthe, in die man fliehen kann, keine verwinkelten Gässchen, die die Ordnungskräfte nicht zu betreten wagen. Diese Durchsichtigkeit ist nicht nur im physischen und visuellen Sinn zu verstehen, sie ist bis in die Vorstellung internalisiert, dass es unmöglich sei, sich den Herrschenden zu entziehen, und dass schon der schlichte Gedanke an eine ungebührliche Handlung vergebens sei.

Die panoptische Idealvorstellung der Herrschaft verwirklicht sich nicht nur in der allgegenwärtigen Geraden, sondern auch im Kult der *Durchsichtigkeit*, das heißt des Glases. Der deutsche Schriftsteller Paul Scheerbart (1863–1915), den Walter Benjamin bewunderte, sang das Loblied auf die Glasarchitektur in seinen phantastischen Erzählungen, die oft auf anderen Planeten spielen, wie auch in einem 1914 erschienenen Aufsatz,[141] der dem Architekten Bruno Taut gewidmet war, der seinerseits im selben Jahr ein Haus aus Glas vorstellte, das er Scheerbart widmete. Finsterer noch besteht in dem Roman *Wir* von Jewgeni Samjatin, den er 1920 in der noch jungen Sowjetunion geschrieben hatte und der als erster dystopischer Roman und als Vorbild für die Dystopien Orwells und Huxleys gilt, die gesamte Architektur aus Glas – ein wesentliches Merkmal des neuen Totalitarismus. Hier wie anderswo hat die pessimistische Vorstellungskraft der Realität vorgegriffen. Erst in den 1950ern sollte Mies van der Rohe, der ehemalige Direktor des Bauhauses, wo man schon oft Glasfassaden verwendet hatte, in den Vereinigten Staaten Wolkenkratzer mit reinen Glasfassaden verbreiten. Die scheußliche Pyramide im Louvre wie auch die neue Französische Nationalbibliothek konnten nur aus Glas sein, genau wie das neue Akropolis-Museum in Athen aus dem Jahr 2009.[142] Dieser Fanatismus der Durchsichtigkeit korrespondiert mit dem Bedürf-

141 Paul Scheerbart, *Glasarchitektur*, Rogner & Bernhard, München 1971.

142 Was dies betrifft, möchte ich auf meinen Artikel zu diesem Museum verweisen: »De l'*aura* des anciens musées et de l'*expérience* des nouveaux« (2011), jetzt in *Sous le soleil noir du capital. Chroniques d'une ère de ténèbres*, éditions Crise et critique, Albi 2021.

nis des Herrschenden nach totaler Überwachung. Die Architektur der Sichtbarkeit tauchte auf, als der Glaube an einen Gott, der alles weiß und alles sieht, die Gewissen etwas weniger zu erschrecken begann – und Bentham war ein Vertreter der Aufklärung! Das ist auch ein Kampf gegen unsere dunkle Seite, gegen alles, was sich dem Zugriff instrumenteller Rationalität entzieht.

Kapitel 6
Lob des William Morris

Kaum ein Autor hat so sehr und auch schon so früh zur Kritik der modernen Architektur beigetragen wie der englische Künstler und Schriftsteller William Morris (1834–1896) – man könnte ihn beinahe ihren Begründer nennen. Er liefert den Beweis, dass die Anwendung »ästhetischer« Kriterien manchmal zu sichereren Ergebnissen führen kann als die vorgeblich »sozialen« Kriterien. Sein Widerwille angesichts der von der Industrialisierung erzeugten Hässlichkeit führte bei ihm zu einer Kritik der kapitalistischen Gesellschaft, die weiter ging als die, die von der damaligen Arbeiterbewegung formuliert wurde. Morris übte in der Nachfolge des Kunsthistorikers John Ruskin zunächst heftige Kritik an der Art und Weise, wie man damals alte Gebäude restaurierte. Er entwickelte dann seine Anschauungen weiteren, indem er Sozialkritik und ästhetische Kritik, Ablehnung des Kapitalismus und Ablehnung der Industriegesellschaft, ökologisches Gedankengut und Streben nach einem libertären Sozialismus verknüpfte. Er beeinflusste viele kritische Analysen der Moderne und erlebte in den letzten Jahren eine regelrechte Wiederentdeckung. Bei ihm mischen sich marxistische und anarchistische Ideen.[143] Er war besonders der Frage der Architektur und der Rettung des Handwerks, des Ornaments und der mittelalterlichen Traditionen zugetan und entwarf seine Wohnungen und deren Einrichtungen selber, namentlich das Red House in der Nähe von London. Aber er beabsichtigte nicht, die alten handwerklichen Praktiken unverändert zu übernehmen, sondern sie im besten Sinn des Worts durch eine durchdachte und

143 Ich erlaube mir, auf meinen Text »William Morris et la critique du travail« zu verweisen, der als Einleitung zu William Morris, *La civilisation et le travail*, Le Passager clandestin, Paris 2013, erschienen ist; jetzt in Anselm Jappe, *Sous le soleil noir du capital*, op. cit.

kontrollierte Anwendung von Technologien zu *modernisieren*, wenn sie wirklich die Arbeiter entlasten und dabei neue gesellschaftliche Verhältnisse etablieren sollten. Wenn die so oft wiederholte Formel der »Vereinigung von Moderne und Tradition« irgendeinen Sinn außer dem Reklameeffekt haben kann, dann bei William Morris. Umgekehrt ist es nicht überraschend, dass die »Fortschrittler« aller Schattierungen ihn mit Misstrauen betrachten. Arnold Hauser, einer der wichtigsten marxistischen Kulturhistoriker, der Lukács nahestand, behauptete 1951, dass Morris bei all seinen Verdiensten als Sozialist »die Bedeutung des wichtigsten und praktischsten modernen Produktionsmittels – der Maschine« auf Grund seines »kleinbürgerlichen Traditionalismus« und »Provinzialismus«, welche er mit Ruskin teile, verkennte. Ruskin und Morris »vergaßen aber, dass es zur Beherrschung der Maschine keinen anderen Weg gab, als ihre bereitwillige Hinnahme und geistige Aneignung«.[144] Zehn Jahre später sollte Constant nicht versäumen, es zu begrüßen, »dass es der Maschine gelungen ist, die Ideen von Ruskin und Morris zu überleben und nun den Menschen und der Kultur grenzenlose Möglichkeiten eröffnet«.[145] In seinem 1890 veröffentlichten utopischen Roman *Kunde von Nirgendwo*[146] lässt Morris einen Sozialisten in England am Beginn des einundzwanzigsten Jahrhunderts erwachen, einige Jahrzehnte nach einer Revolution, die erfolgreich eine glückliche Gesellschaft errichtet hat. Er erfährt, dass Staat und Markt, Geld und Handel, große Städte und Großindustrie, die sozialen Klassen und das Privateigentum verschwunden und einer Gesellschaft gewichen sind, die sich auf Handwerk und Landwirtschaft gründet und in der Freiheit und Gleichheit, Genügsamkeit und

144 Arnold Hauser, *Sozialgeschichte der Kunst und Literatur*, C. H. Beck, München 2018, S. 872–873. Hauser fügt allerdings hinzu, dass Morris »die Funktion der Maschine viel fortschrittlicher und rationaler als sein Lehrer« (Ruskin) beurteilte. »Er warf der Gesellschaft seiner Zeit den Missbrauch der Technik vor, aber er wusste bereits, dass diese unter Umständen zum Segen der Menschheit werden konnte.« (S. 874f)

145 Vortrag »L'urbanisme unitaire« vom Dezember 1960, in: Libero Andreotti, *Le Grand Jeu à venir. Textes situationnistes sur la ville*, Éditions de la Villette, Paris 2007 (Übersetzung G. W.).

146 William Morris, *Kunde von Nirgendwo*, Nautilus, Hamburg 2016.

Lebensfreude vorherrschen. Arbeit ist hier ein Vergnügen. Eines der ersten Dinge, die er bemerkt, sind die Änderungen in der Architektur. Die Häuser, schön und gut gebaut, sind voller Schmuck: »In einiger Entfernung vom Fluss erhob sich auf beiden Ufern eine Reihe reizender niedriger und nicht sehr großer Backsteinhäuser mit Ziegeldächern, die höchst wohnlich und behaglich aussahen und ganz den Eindruck machten, als ob sich ein recht frohgemutes Leben in ihnen tummle«.[147] Wie sie mit ihren Einwohnern in Harmonie verbunden sind, so auch mit der Natur des Orts, an dem sie sich erheben. Es handelt sich um eine Architektur, die vollkommen in der Landschaft aufgeht. So beschwört der Erzähler die Stelle an einem Berg, »auf dem zwei oder drei hübsche neue Steinhäuser gewachsen waren (ich benutze dieses Wort absichtlich, denn es sah so aus, als ob sie zu ihm gehörten)« und wo er sah, »wie schön das kleine Dorf mit seinen grauen Steinhäusern geworden war; denn wir befanden uns nun im Land der Steine, in dem jedes Haus entweder aus grauem Stein gebaut war, die Wände und das Dach, oder ein bloßer Schandfleck in der Landschaft war.«[148]

Wer in dieser Welt reist, findet immer ein »Gästehaus«, das im Allgemeinen so aussieht: »Es war ein längliches Gebäude, das seinen Giebel von der Straße abwandte und dessen hohe, mit plastischem Schmuck versehene Fenster sich in der vor uns aufsteigenden Wand ziemlich tief hinabzogen. Es war ein sehr stattlicher Bau aus roten Ziegeln mit einem Bleidach, und hoch über den Fenstern lief ein Figurensims aus Terrakotta, der vortrefflich ausgeführt und mit einer Kraft und Eindringlichkeit entworfen war, wie ich sie nie zuvor in der modernen Kunst bemerkt hatte.«

Im Inneren befand sich eine

> »Halle mit marmornem Mosaikboden und einem offenen Holzdach. Auf der vom Fluss abgewandten Seite waren keine Fenster, doch unter Schwibbögen, durch deren einen mir ein Blick nach dem Garten entgegenlachte, gelangte man in andere Zimmer – und eine weite Wandfläche über diesen Bogen

147 William Morris, *Kunde von Nirgendwo*, *op. cit.*, S. 22.
148 Ibid., S. 251.

> war mit heiteren Fresken bemalt, die ähnliche Gegenstände behandelten wie der Fries draußen. Die ganze Halle war stattlich gefügt und von gediegenem Material; und obwohl sie nicht besonders groß war (etwas kleiner als Crosby Hall vielleicht), vermittelte sie einem das beglückende Gefühl von Platz und Freiheit, welches großzügige Architektur einem unbesorgten Mann, der seine Blicke gerne schweifen lässt, immer gibt.«[149]

Und tatsächlich schmückt die Darstellung eines solchen Hauses (als Gästehaus für den Roman erdacht, in Wirklichkeit das Wohnhaus von Morris und seiner Familie) den Vorderdeckel der Erstausgabe des Buchs. Das Vorbild dieser Gebäude ist im Wesentlichen mittelalterlich. Man sieht also Häuser, die

> »waren zierlich und zugleich sehr fest gebaut, machten dabei aber einen ganz ländlichen Eindruck. Einige waren aus roten Backsteinen wie die Häuser am Flusse, die meisten jedoch aus Fachwerk und Gipsmörtel und glichen den mittelalterlichen Häusern aus demselben Baumaterial so sehr, dass ich mich beinahe ins vierzehnte Jahrhundert versetzt glaubte.«[150]

Es ist ohne Zweifel erlaubt, gegenüber dem neugotischen Stil, den Morris allgemeinhin preist, Vorbehalte zu haben, wie auch gegenüber seiner Vorliebe für eklektische Geschmacksrichtungen, die für das Ende des neunzehnten Jahrhunderts typisch sind: Selbst die größten Geister können ihrer Epoche nicht völlig entkommen. Und so lobt er auch die Architektur

> »einer großen Halle in einem schmuck- und kunstreichen Prachtstil, der die besten Eigenschaften der nordeuropäischen Gotik mit denen des sarazenischen und byzantinischen Stiles zu vereinigen schien, ohne sich sklavisch an eine dieser Stilarten zu binden. Auf der anderen, der Südseite der Straße, erhob sich ein von einer Kuppel gekröntes Achteck, das im Umriss an das

149 Ibid., S. 30.
150 Ibid., S. 41.

> Baptisterium von Florenz erinnerte, nur dass es von einem Anbau umschlossen war, der augenscheinlich einen Säulen- oder Kreuzgang enthielt; auch dieser Bau war auf das Zarteste geschmückt.«[151]

Es ist nicht der Stil, der zählt, sondern das Glück, das eine Architektur schafft und vermittelt: »Die Masse der Baukunst, die inmitten der üppigen Felder so plötzlich vor uns aufstieg, bot nicht nur an sich ein erlesen schönes Bild, sondern strahlte auch eine so edle und verschwenderische Lebensfülle aus, dass ich mich in nie gekanntem Grade von heiterem Frohmut durchdrungen fühlte.«[152]

Unter solchen Verhältnissen, wo es darum geht, Dinge herzustellen, die gleichzeitig schön und nützlich sind, ist die gemeinschaftlich durchgeführte Arbeit eine Freude, und es besteht keine Gefahr, dass sich ein jeder davor zu drücken versucht, wenn er nicht gezwungen oder zu ihr durch die bloße Verlockung des Gewinns verführt wird, wie es seit jeher jene behaupten, die hierarchische Gesellschaftsordnungen errichtet haben, wo die körperliche Arbeit einem Teil der Bevölkerung auferlegt und als eine Last empfunden wird: »Die Kinder ahmen bekanntlich gern Erwachsene nach, und wenn sie die meisten Leute mit wirklich unterhaltender und nützlicher Arbeit, wie Häuserbauen, Straßenpflastern, Gärtnerei und Ähnlichem beschäftigt sehen, so treibt es sie, das Gleiche zu tun.«[153] Es besteht eher die Gefahr, dass es *nicht genug* Arbeit zu verrichten gibt: Es ist alles so wohl und fest gefügt, dass es nach einigen Jahrzehnten, in denen die hässlichen, von der Industriegesellschaft vermachten Bauwerke ersetzt wurden, es für die, die sich mit Hand und Hirn an den Gebäuden versuchen wollen, nicht mehr viel zu tun gibt. So ist es also die Ausschmückung, die es den Bewohnern der zukünftigen Gesellschaft wie in einem unaufhörlichen *work in progress* erlaubt, ihre Tätigkeiten, die nur Vergnügungen sind, weiter auszuführen:

151 Ibid., S. 42.
152 Ibid., S. 42.
153 Ibid., S. 50.

»Was brauchen wir ein paar armseligen Bauten den Platz zu missgönnen, auf dem sie stehen, wo wir doch überall hinbauen können! Auch braucht uns ja um den Anlass zu vernünftiger Arbeit nicht bange zu sein, zumal bei Neubauten, auch wenn sie anspruchsloser Art sind, für solche Arbeit immer mehr und mehr Gelegenheit ist. Zum Beispiel erscheint mir ein weiter Spielraum und möglichste Bewegungsfreiheit im Hause als etwas so Kostbares, dass ich ihnen im Notfall sogar etwas vom Außenraum zu opfern geneigt wäre. Dann erfordert ja auch die ornamentale Ausschmückung, die nicht in den Versammlungssälen, Markthallen und ähnlichen Gebäuden, freilich aber in den Wohnhäusern, wo eben alles erlaubt ist, übertrieben werden kann, viele Kräfte und Sorgfalt. Mein Urgroßvater allerdings meint dann und wann, meine Ansichten über die höhere Baukunst seien etwas verschroben – ich bleibe aber der Überzeugung, dass sich der Tatkraft der Menschen nirgends ein weiteres Gebiet eröffnet; denn auf jedem anderen finden wir Grenzen, während sich auf diesem eine schier unübersehbare Fernsicht stets neuer Aufgaben bietet.«[154]

Dieses idyllische Bild zieht seine Kraft aus dem Gegensatz zur Architektur des neunzehnten Jahrhunderts, die der ungestüme Morris rund um sich mit Abscheu wahrnimmt. Es geht dabei natürlich erst einmal um die Slums für die Armen; er spricht von »einem grünen Erdhügel (…), wo einst die jämmerliche Karikatur eines Hauses sich befand, ein Höhle, in der Männer, Weiber und Kinder in ihrem Unrat wie Heringe in einer Tonne zusammengepfercht ein Leben lebten, das sie nur deshalb zu ertragen imstande waren, weil ihnen jedes Gefühl für Menschenwürde abhanden gekommen war«.[155] Aber der Besucher-Erzähler, der nicht zugeben kann, aus einer anderen Zeit zu stammen, und daher vorgibt, England vor langer Zeit verlassen zu haben und nun zu wünschen, dass ihm alles erklärt werde, stellt auch eine selten angesprochene Frage: Wenn

154 Ibid., S. 52.
155 Ibid., S. 96.

die Hässlichkeit der Wohnquartiere der Massen eine Folge des materiellen und kulturellen Elends der Armen war, warum suchten dann auch die Reichen, die doch über alles verfügten, um in angenehmen Wohnstätten zu leben, scheußliche Architekturen aus, die »Schandflecken im Gesicht der Landschaft« waren? Eine Frau antwortet dem Besucher.

»›Es fällt mir schwer, das zu verstehen‹, sagte sie. ›Ich sehe ein, dass die Arbeiter, die so unterdrückt wurden, nicht in schönen Häusern leben konnte; denn es braucht Zeit und Muße, und nicht einen mit Sorgen überlasteten Geist, um schöne Behausungen zu schaffen; und ich verstehe auch, dass diesen armen Menschen nicht erlaubt wurde, auf eine Weise zu leben, die ihnen diese (für uns) notwendigen guten Dinge ermöglicht hätte. Aber dass die Reichen, die die Zeit und die Muße und das Material für Gebäude hatten, wie es in diesem Falle war, nicht schön gehaust haben, das begreife ich nicht. Ich weiß, was Sie mir jetzt sagen wollen‹, sagte sie, blickte mir direkt in die Augen und errötete, ›und zwar, dass ihre Häuser und all ihr Besitz gewöhnlich hässlich und schlecht war, es sei denn, sie waren antik, so wie das dortige Relikt der Arbeit unserer Vorväter‹ (zum Kirchturm zeigend); ›dass sie – lassen Sie mich überlegen – wie war noch gleich das Wort? –‹ ›Geschmacklos‹, sagte ich. ›Wir sagten damals, dass die Hässlichkeit und Geschmacklosigkeit der Behausungen der Reichen notwendigerweise widerspiegelten, dass sie den armen Leuten ein schmutziges und nacktes Leben aufzwangen.‹«

Dies ist das Ergebnis davon,

»dass es in Zeiten der Ungleichheit ein essenzieller Bestandteil des Lebens der Reichen war, dass sie die Dinge, die sie zur Zier ihres Lebens brauchten, nicht selbst machten, sondern die zwangen, sie herzustellen, die sie auch zu einem ausgemergelten und elenden Leben zwangen; und dass es eine notwendige Konsequenz dessen war, dass das Elend und die Schmutzigkeit und die hässliche Nacktheit dieser ruinierten

Leben in der Zier der Leben der Reichen verarbeitet wurden, und die Kunst deshalb ausstarb.«[156]

Morris unterstreicht, dass es sich nicht nur um einen materiellen Faktor, sondern um einen wahrhaften Hass auf das Schöne und das Vergangene handelte: »›Nun‹, sagte er, ›die Gebäude waren durch die letzten paar Generationen von Aristokraten recht verdorben worden, sie scheinen einen großen Hass gegen alte schöne Gebäude und in der Tat gegen jede Aufzeichnung der alten Geschichte gehegt zu haben.‹«[157]

Er unterstreicht, dass die Künste und die Architektur, deren Lob er oft verbreitet hat, vor allem des gotischen Stils, Ausdruck einer einigermaßen ausgeglichenen Gesellschaft waren, die von den Zünften angeleitet wurde. Der Renaissancekunst hingegen steht er sehr kritisch gegenüber, da er sie als Ausdruck einer servilen Gesellschaft sieht. Man kann eine solche Sicht nicht als simple »Idealisierung« abtun, die das Mittelalter falsch einschätze; zumindest auf England bezogen, entspricht sie einer gewissen Wahrheit. Als erstes Land in Europa, das die Leibeigenschaft am Beginn des vierzehnten Jahrhunderts abgeschafft hatte, wies das Land zahlreiche wohlhabende und einigermaßen unabhängige Bauern auf, die *yeomen*. In diesem besonderen Fall könnten Kunst und Architektur als ein ziemlich getreuer »Spiegel« ihrer Schöpfer betrachtet werden. Allerdings erscheint es unangebracht, diesen Ansatz zu verallgemeinern. So sind die wunderbaren Dörfer und Städte Süditaliens, wo Pier Paolo Pasolini 1963 sein *Il Vangelo secondo Matteo* drehte, im Wesentlichen während der für diese Region sehr unglücklichen Epoche der feudalen spanischen Herrschaft gebaut worden. Man muss auch einen anderen Faktor berücksichtigen. Die Maschen des Staats und der politischen Macht ganz allgemein waren in der vormodernen Gesellschaft recht locker und der Austausch geschah nur selten im Gewand des Markts. Das tägliche Leben folgte seinen eigenen Gesetzen, unbeeinflusst von den Wechseln, die sich im (politischen, institutionellen) »Überbau« vollzogen, und entwickelte sich nur

156 Ibid., S. 261f.
157 Ibid., S. 219.

langsam. Die Bauweise und die sogenannte angewandte Kunst nahmen daran teil. Man könnte also sagen, dass diese »glücklichen« Bauweisen kein Spiegel einer (vor allem durch die Religion) unterdrückerischen und entfremdeten Gesellschaft, sondern eines gewissen menschlichen »Substrats« waren, das hartnäckig jeder Form von getrennter Macht widerstand. Dass das Alltagsleben gegenüber den »übergeordneten« und »höherentwickelten« Sektoren der Gesellschaft »rückständig« ist, wie es Henri Lefebvre 1958[158] behauptete, konnte sich durchaus als Vorteil herausstellen.

Unter den Anhängern von William Morris und der Schule Arts & Crafts herrschte ein andauernder Argwohn gegenüber dem Beton:

> »Einige englische Architekten qualifizierten das Verschalen als ›Stottern‹ ab, und bei ihren beruflichen Treffen wurde über die Verwendung dieses neuen Baustoffs sehr herb gesprochen. Kurz vor dem Ersten Weltkrieg hielt der englische Architekt W. R. Lethaby, ein Schüler Philip Webbs, am Northern Polytechnic Institute einen Vortrag zu diesem Thema, im Zuge dessen er hellsichtige Zweifel ausdrückte, was die Auswirkungen der Stahlbetontechnik auf die Qualifizierung der Handarbeit angeht: ›Es wäre nicht sehr begrüßenswert, wenn sich eine Gesellschaft entwickelt, in der alle Handwerker und Arbeiter eingestellt würden, um schaufelweise diesen schrecklichen Flüssigzement heranzuschaffen, beaufsichtigt von Partieführern, die mit Stoppuhren ausgestattet sind.‹«[159]

158 In seinem Vorwort zur zweiten französischen Auflage des ersten Bands von *Kritik des Alltagslebens*, Band I, Carl Hanser, München 1974, S. 17 (auf Französisch 1946, dann L'Arche, 1958).

159 Jacques Fredet, *Les Maisons de Paris*, op. cit., Bd. II, S. 99; er bezieht sich auf *The Builder* vom 7. Februar 1913, zitiert bei Peter Collins, *Splendeur du béton*, Hazan, 1998, S. 240 (*Concrete. The Vision of a New Architecture*, Horizon Press, 1959). Der Architekt Philip Webb (1831–1915) hat 1859 das Red House für William Morris entworfen, dessen Aktivitäten im Arts & Crafts Movement, der Gesellschaft für den Schutz alter Bauten (Society for the Protection of Ancient Buildings) und der Socialist League er teilte.

Wie wir wissen, hat sich die Architektur in der kapitalistischen Gesellschaft in die gegenteilige Richtung als die von Morris erhoffte entwickelt. Der Verlust des Gespürs für den stofflichen Aspekt der Gebäude – die Baustoffe – ist hier ganz offensichtlich. Die zeitgenössische Architektur ist schlicht zu einem Zweig des Designs verkommen. Die Designerarchitekten denken nur in Kategorien des Eindrucks auf die Öffentlichkeit, des Images. Die stoffliche und konkrete Welt wird ebenso wie die Baumaterialien, die Besonderheiten des Orts, der Zweck und die Bedürfnisse der Benutzer nur von oben herab und mit Geringschätzung behandelt, wie der Restwiderstand einer gleichzeitig stofflichen und menschlichen Welt, die noch nicht verstanden hat, dass sie keine andere Wahl habe, als sich den grandiosen Absichten der Architekten und ihrer Auftraggeber zu fügen. Arrogante Architekten und Auftraggeber, die fähig sind, Hügel abzutragen und Flüsse umzuleiten, um ihre glorreichen steinernen Träume zu verwirklichen, hat es, wohl gemerkt, schon immer gegeben. Aber vor der Erfindung gewisser Techniken und gewisser Baustoffe, darunter der Beton, hatten sie einfach nicht die technischen Voraussetzungen, um die stoffliche Welt komplett ignorieren zu können. In ihren Studios muss es diesen Architekten wie eine Erniedrigung, wie das Eingeständnis, »auch nur Menschen« zu sein, vorkommen, wenn sie sich auf die Erfordernisse des Materials, der Umgebung und des Wohls der Sterblichen einstellen sollen. Das führt zu Ergebnissen, die vom Ort, an dem sie sich befinden, vollständig abgekoppelt sind, wie der von der Stararchitektin Zaha Hadid entworfene Bahnhof für Hochgeschwindigkeitszüge in Afragola, einem der ärmsten Vororte Neapels. In seinem Aufsatz *Urbanismus und Architektur als Psychopathologien* charakterisiert Marcello Faletra diesen Bahnhof als »eine Magna Carta der zeitgenössischen Architektur im ›Land der Feuer‹«, der »terra dei fuochi«, einer durch unkontrolliertes Verbrennen von giftigem Sondermüll am meisten verseuchten Regionen Europas.

> »Die effektvollen Inszenierungen, das Science-Fiction-Design, die Stereometrie von Formen und Licht machen aus dieser Architektur ein absolutes Objekt, ein Sammlerstück auf Grund seiner perfekten, kristallinen Gestaltung – zu weit entfernt von

uns Menschen, um es bewohnen zu können. Dieses Bauwerk ist ein perfektes architektonisches Phantasma, das mathematische Modellierung mit der Ästhetik des reinen Objekts verbindet. Durch seinen futuristischen Zauber ist es eine Art von Jenseits der Architektur. Es ist sogar schwierig, überhaupt dorthin zu gelangen, so sehr läuft man Gefahr, sich im Labyrinth von Landwegen und Gassen zu verirren, die den Rhythmus von Reisen im Ochsenkarren aufdrängen. Eine Frau erlitt einen Herzanfall und verstarb, weil der Krankenwagen, obwohl er sich ganz in der Nähe des Bahnhofs befand, wegen fehlender Wegweiser Schwierigkeiten hatte, dort rechtzeitig einzutreffen. Für die Einkaufszentren trifft das nicht zu. Es scheint, als hätte Hadid vergessen, die Besonderheiten der Gegend zu berücksichtigen. (…) Nur wenige Menschen können den Bahnhof betreten. Man braucht dazu eine Fahrkarte für die Frecciarossa. Die Architektur verewigt sich als Klassen- und Statussymbol trotz ihres ›demokratischen‹ Anstrichs von Hypermodernität. Eine beunruhigende Stille ergießt sich von der transparenten Struktur des Dachs, unter dem sich für gewöhnlich nur eine Handvoll Menschen aufhält. Eine eisige Stille, die den Bahnhof in einen Phantomraum versetzt, der nichts mit der Umgebung zu tun hat.«[160]

Die Verrücktheiten der Stararchitekten und ihre Verbindungen mit dem globalen Neoliberalismus und der »liquiden« Moderne sind oft beschrieben worden, weswegen wir auf diese Kommentare[161] verweisen und uns wieder auf die oft vernachlässigte Frage der Baustoffe konzentrieren. Es genügt, daran zu erinnern, dass einige dieser Architekten aus Prinzip den Ort, an dem sich ihr Gebäude erheben wird, gar nicht kennenlernen wollen – es soll als reines Objekt für sich bestehen, unabhängig von jedem Kontext.

160 Marcello Faletra und Serge Latouche, *Hyperpolis, op. cit.*, S. 52–54 (Übersetzung G. W.).

161 Siehe unter den neueren Kritiken Franco La Cecla, *Contro l'architettura*, Bollati Boringhieri, Turin 2008 (*Against the Architecture*, Green Arcade, 2012), oder Gilles Lipovetsky/Jean Serroy, *L'Esthétisation du monde. Vivre à l'âge du capitalisme artiste*, Gallimard, Paris 2013.

Ein bekanntes Beispiel für diese Vorgehensweise ist die Bibliothèque nationale de France, und zwar der Standort Tolbiac. Präsident François Mitterand hatte 1989 den Entwurf von Dominique Perrault im Namen der »Transparenz« ausgewählt. Die Kultur soll allen zugänglich sein und nicht in dunklen Kellern vergraben werden, die nur Bücherwürmer anziehen! Diese Absicht hat ein wahres Schulbeispiel für die Absurditäten der zeitgenössischen Architektur erzeugt; die vier Türme, die die Bücher beherbergen, sind aus Glas gebaut – Symbol der Transparenz, der Demokratie und der Kultur für alle! Dass Bücher dem Licht nicht ausgesetzt werden dürfen, da es sie beschädigt, wurde nicht in Betracht gezogen oder interessierte keinen der »Entscheidungsträger«. Vielleicht hatten sie ja in ihrer großen Weisheit schon jene Epoche vorhergesehen, in der das digitale Buch sich von seinem altertümlichen Papierträger emanzipiert haben wird. Ein paar Jahre nach der Eröffnung mussten – entgegen den ursprünglichen Absichten – die Bücher in die Keller des Gebäudes verbracht werden, die aber unter dem Niveau der benachbarten Seine liegen. Hier wurden sie durch verschiedene Überschwemmungen (besonders der von 2014) und durch Asbeststaub beschädigt.[162] Dazu kamen enorme Entfernungen zwischen den Abteilungen des Gebäudes sowie gefährliche und nutzlose Außentreppen.[163] Die Störfälle, vor allem bei den Datensystemen, waren dermaßen eklatant, dass im Jahr 2000 eine »Untersuchungsmission« des Senats eingerichtet wurde, um sich diesem Problem zu widmen. Es ist auch keine Überraschung, dass diese Bibliothek viel weniger Besucher als vorgesehen anzieht. Ein scharfsichtiger Mensch fasst die Sachlage so zusammen:

162 Die Asbestsanierung wurde anfangs von der Direktion für zu teuer gehalten. S. Eliane Patriarca, »Des livres qui tombent en poussière d'amiante« (Bücher, die zu Asbeststaub zerfallen), *Libération*, 25. Jänner 2006.

163 Die erste ausführliche Kritik wurde von Jean-Marc Mandosio vorgebracht, und zwar in seinen Streitschriften *L'Effondrement de la Très Grande Bibliothèque nationale de France: ses causes, ses conséquences* (Der Zusammenbruch der Riesigen Französischen Nationalbibliothek; seine Ursachen und Folgen) und *Après l'effondrement. Notes sur l'utopie néotechnologique* (Nach dem Zusammenbruch: Anmerkungen zu einer neotechnologischen Utopie), die von l'Encyclopédie des Nuisances 1999 und 2000 herausgegeben wurden.

»Die Plätze sind entgeltpflichtig und teuer, die Leser werden aussortiert, man muss seinen Platz lange vorreservieren, natürlich via Internet, ein Teil des Personals (die höheren Beamten) ist unfreundlich, die Öffnungszeiten sind lachhaft, die Schließtage ohne Zahl. Dazu ist der Weg durch ein abstoßendes neues Viertel besonders unangenehm: mit leitenden Angestellten als Bewohnern und mit schrecklich hässlichen und schon verfallenden Bürogebäuden, praktisch ohne Geschäfte (und mit ausgesprochen wenigen Cafés) – man möchte glauben, man wäre im Viertel La Defense. Und doch war es ihre erste Aufgabe, mehr Lesern jedweder Herkunft zu dienen …«

Kapitel 7
Die Konkretisierung des Abstrakten

Es gibt noch einen Aspekt des Stahlbetons, dem nur selten, nicht einmal von den kritischsten Autoren, Rechnung getragen wurde. Man kann ihn mit einem Wortspiel veranschaulichen, das im Englischen und im Spanischen und Portugiesischen Lateinamerikas funktioniert, leider aber nicht im Deutschen und in anderen Sprachen. Beton heißt im Englischen *concrete* und *concreto* im Spanischen und Portugiesischen Lateinamerikas. Wie wir schon im zweiten Kapitel gesehen haben, deutet die Etymologie von *konkret* auf das Solide, Kompakte hin. Und bekanntlicherweise spielt das Paar konkret – abstrakt im westlichen philosophischen Denken eine zentrale Rolle.

Nun könnte man sagen, dass der Beton – »the concrete« – *eine der konkreten Seiten der Warenabstraktion ist, die vom Wert erzeugt wird, der seinerseits von der abstrakten Arbeit geschaffen wird.* Das ist kein reines Wortspiel. Um es genauer zu sagen: Das Fundament der kapitalistischen Gesellschaft ist die Abstraktion, eine ganz besondere Abstraktion – *die abstrakte Arbeit, die den Wert schafft.* Diese Abstraktion drückt sich auf besonders konkrete und sichtbare Art an zwei Materialien aus: am Beton und an den Kunststoffen.

Die Herrschaft der Abstraktion

Die folgenden Überlegungen können auch auf die Kunststoffe angewandt werden, wovon acht Milliarden Tonnen weltweit im Lauf der letzten sechzig Jahre produziert wurden. Man weiß, dass eine Masse von Plastikteilchen auf einer Fläche von der dreifachen Größe Frankreichs im Pazifischen Ozean treibt. Der Ruf der Kunststoffe ist zurzeit schlecht genug und alle sind sich einig – oder spielen Einigkeit vor – über die Notwendigkeit, sie in unserem Leben zu reduzieren.

Wir haben es vorgezogen, uns auf den Beton zu konzentrieren, gegen den bis jetzt kein systematischer Kampf geführt wurde und der sich nach wie vor einer ungerechtfertigten Unschuldsvermutung erfreut. Aber man sollte sich stets daran erinnern, dass ein Gutteil dessen, was wir über den Beton und seine Verbindung mit der Wertlogik gesagt haben, auch auf den Kunststoff zutrifft.

In welcher Hinsicht lässt sich sagen, dass die moderne Gesellschaft auf Abstraktionen beruht?[164] Einer langen philosophischen Tradition zufolge, die bis in die griechische Antike zurückreicht, besteht die Abstraktion darin, im Denken aus verschiedenen Objekten eine charakteristische Gemeinsamkeit zu ziehen. So ist der Begriff »Baum« eine Abstraktion in Bezug auf Eichen, Palmen, Tannen, wie auch der Begriff des »Guten« eine Abstraktion in Bezug auf eine Vielfalt von Handlungen ist, die als positiv eingeschätzt werden. Das europäische Denken betrachtet seine »Fähigkeit zur Abstraktion« als einen bedeutenden Fortschritt gegenüber dem »wilden Denken«, jedenfalls seit der »wissenschaftlichen Revolution« des siebzehnten Jahrhunderts.

Aber erst seit dem Beginn des neunzehnten Jahrhunderts erfuhr der Status der Abstraktion eine wahre Umwälzung: Für Hegel, Feuerbach und Marx stellt sie nicht nur eine Gegebenheit des Denkens dar, sondern kann zu einer Art *Realität* werden. Jeder auf seine Art lenken diese Denker die Aufmerksamkeit darauf, dass die aus Abstraktionen folgenden Gedankenkonstruktionen nicht schlicht Werkzeuge sind, um die Wirklichkeit besser zu erfassen, sondern ihrerseits einen konkreten, oder besser: pseudokonkreten, Aspekt haben. Das Abstrakte, das seinen Ursprung in einer konkreten Gegebenheit hat, verkörpert sich erneut in etwas Konkretem. In philosophischen Termini ist das eine *Hypostase*. Für Feuerbach ist die Idee Gottes das Ergebnis einer derartigen *Verkehrung zwischen Konkretem und Abstraktem* (die man auch in philosophischen Begriffen als eine Verkehrung zwischen Subjekt und Prädikat, zwischen Substanz und Akzidenz verstehen könnte). Der Mensch, das

164 Für alles Folgende erlaube ich mir, auf mein Buch *Die Abenteuer der Ware. Für eine neue Wertkritik*, Unrast, Münster 2005 zu verweisen.

konkrete Wesen, glaubt am Schluss, dass er von etwas abhängt, das in Wirklichkeit nur eine Erschaffung seines Kopfs ist, von einer Projektion: einer Abstraktion. Der junge Marx zeigt, dass auch Formen wie das Recht oder der Staat hypostasierte Abstraktionen sind. Die Entfremdung, von der wir im vorigen Kapitel gesprochen haben, besteht gerade aus dieser Entwertung des konkreten und besonderen Subjekts zu Gunsten einer Abstraktion – sei sie das Vaterland, die Pflicht, die Gesetze der Wirtschaft –, die nichts anderes als die Verschleierung eines anderen konkreten und besonderen Subjekts ist, dem es gelungen ist, sich als das Allgemeine und Abstrakte auszugeben.

Diese sehr wichtigen Debatten verblieben aber auf einer rein begrifflichen Ebene. Die Abstraktion bewahrte dabei im Wesentlichen den Charakter einer *Ideologie*: also einer falschen Idee, die gesellschaftliche Macht erlangte, weil die Leute daran glauben und ihre Beziehungen zu einander danach einrichten. Die verschiedenen Ausformungen des Marxismus haben im Allgemeinen dieses Konzept von Abstraktion als mehr oder weniger bewusste Verschleierung durch die herrschenden Klassen beibehalten.

Marx ging dann einen entscheidenden weiteren Schritt zum Verständnis der Rolle der Abstraktion im Kapitalismus. Ab 1858 bringt er, während der langsamen Ausarbeitung von *Das Kapital*, das Konzept der »abstrakten Arbeit« ein. Er brauchte noch etwa fünfzehn Jahre, um all ihre Eigenschaften deutlich herauszuarbeiten und ihr eine zentrale Rolle in der Kritik der politischen Ökonomie zuzuschreiben – aber am Ende sieht er die Entdeckung der »doppelten Natur der Arbeit« für seine bedeutendste an. Die Ersetzung des Begriffs der »Entfremdung« durch den des »Warenfetischismus« geschieht in diesem Kontext.

Die abstrakte Arbeit

Ohne hier die Details der – höchst zögerlichen – Rezeption dieser Begriffe in der Geschichte des Marxismus vertiefen zu wollen, rufen wir bloß in Erinnerung, dass die heuristische Tragweite des Begriffs der abstrakten Arbeit erst in den 1980er-Jahren wirklich erkannt wurde, und zwar zuerst von Autoren wie Robert Kurz und der Zeitschrift *Krisis* in Deutschland sowie von Moishe Postone in den Vereinigten Staaten, die oft unter dem Etikett der »Wertkritik« zusammengefasst werden.[165]

Worin besteht diese mysteriöse »abstrakte Arbeit«? Der Begriff kann zweifellos Verwirrung stiften. Er lässt zuerst an »immaterielle« Arbeit denken, dann auch an »IT«-Arbeit. Das Konzept aber, das Marx – recht kursorisch, wie man sagen muss – im ersten Kapitel des *Kapitals* entfaltet, ist dennoch klar. Es geht um die »doppelte Natur« der Arbeit. Statt von der »abstrakten Arbeit« und der »konkreten Arbeit« zu sprechen, müsste man jedes Mal die »abstrakte Seite der Arbeit« und die »konkrete Seite der Arbeit« erwähnen. Diese sind keine verschiedenen Arten von Arbeit, wie es auch nicht der *Inhalt* einer Arbeit ist, die sie als »abstrakt« oder

165 Mein Buch *Die Abenteuer der Ware* (op. cit) ist eine allgemeine Einführung in diese Strömung. Daneben sei eine Auswahl folgender Werke von Robert Kurz empfohlen: *Marx lesen. Die wichtigsten Texte von Karl Marx für das 21. Jahrhundert*; Eichborn, Frankfurt a. M. 2000, *Weltordnungskrieg. Das Ende der Souveränität und die Wandlungen des Imperialismus im Zeitalter der Globalisierung*, Horlemann, Bad Honnef 2003, *Das Weltkapital. Globalisierung und innere Schranken des modernen warenproduzierenden Systems*, Tiamat, Berlin 2005, *Weltkrise und Ignoranz. Kapitalismus im Niedergang (Ausgewählte Schriften)*, Tiamat, Berlin 2013 und *Der Tod des Kapitalismus. Marxsche Theorie, Krise und Überwindung des Kapitalismus (Ausgewählte Schriften)*, Laika, Hamburg 2013; dazu auch die Broschüre *Manifest gegen die Arbeit*; ed. Gruppe Krisis (mit Robert Kurz), Eigenverlag, 1999. In den Ausgaben 1, 2004 und 2, 2005 der Zeitschrift *Exit!* erschien »Die Substanz des Kapitals. Abstrakte Arbeit als gesellschaftliche Realmetaphysik und die absolute innere Schranke der Verwertung« in zwei Teilen; in *Exit!* 9, 2012, »Kulturindustrie im 21. Jahrhundert. Zur Aktualität des Konzepts von Adorno und Horkheimer«. Siehe auch Roswitha Scholz, *Das Geschlecht des Kapitalismus. Feministische Theorie und die postmoderne Metamorphose des Patriarchats*, Horlemann, Merdingen 2000, sowie Moishe Postone, *Zeit, Arbeit und gesellschaftliche Herrschaft. Eine neue Interpretation der kritischen Theorie von Marx*, ça ira, Freiburg 2003. Neben diesem Hauptwerk ist von Postone auch »Nationalsozialismus und Antisemitismus. Ein theoretischer Versuch«. in: Dan Diner (ed.): *Zivilisationsbruch. Denken nach Auschwitz*, Fischer, Frankfurt a. M. 1988, S. 242ff zu beachten; zur Wertkritik noch Ernst Lohoff/Norbert Trenkle, *Die große Entwertung: Warum Spekulation und Staatsverschuldung* nicht *die Ursache der Krise sind*, Unrast, Münster 2012.

»konkret« bestimmt. In Wirklichkeit ist jede Tätigkeit notwendigerweise zwiefach: Sie erzeugt immer ein Ergebnis, sei es materiell oder immateriell. Sie »produziert« unausweichlich irgendetwas, ob es sich nun um ein Haus oder eine Heilung handelt. Gleichzeitig enthält sie immer eine Verausgabung menschlicher Energie, »von menschlichem Hirn, Muskel, Nerv, Hand usw.«,[166] wie Marx sagt. Das heißt, dass die Arbeit des Nervs (etwa bei der Benützung eines Computers) oder des Hirns (zum Beispiel beim Halten eines Vortrags oder Schreiben eines Buchs) ebenso eine Verausgabung von Energie ist, selbst wenn sie kein materielles Produkt hervorbringt. Diese Verausgabung von Energie existiert in allen Formen von Tätigkeiten – an welchen Orten, unter welchen Umständen und in welchen historischen Epochen sie auch stattfinden mögen. Doch – und das ist ausschlaggebend – in den vormodernen Gesellschaften stellt diese Verausgabung von Energie einzig ein theoretisches Faktum dar, das in den gesellschaftlichen Beziehungen überhaupt keine Rolle spielt. Man könnte dies dann genau genommen sogar auf die Tiere anwenden, die beim Jagen oder Weiden Energie verausgaben! Nur in der kapitalistischen Gesellschaft wird sie ein *gesellschaftlicher* Faktor, und sogar ein zentraler gesellschaftlicher Faktor. Die verausgabte Energie kann nur schwer direkt gemessen werden – es ist daher die *Zeit*, in der sie verausgabt wird, die zählt.[167] Diese erzeugt den *Wert* der von dieser Arbeit produzierten Ware. Was man konkret während dieser Zeit produziert hat, ist ein *Gebrauchswert*. Die Ware hat immer und überall einen Gebrauchswert – also das, was man mit ihr tun kann –, aber auch einen Wert, der von der durchschnittlich notwendigen Arbeitszeit abhängt, um ein Gut (oder eine Dienstleistung) herzustellen, seine Voraussetzungen (Rohstoffe, Werkzeuge, Arbeitsstätten etc.) inbegriffen. Der Wert ist als solcher ein bloß abstraktes Wesen,

166 Karl Marx, *Das Kapital*, Band I, MEW 23, S. 85

167 In den Beschreibungen der abstrakten Arbeit findet man oft die Vorstellung, dass es nach Marx die Arbeitszeit sei, die den Wert schafft. Diese Darstellung ist eine falsche Verkürzung, denn die Zeit, für sich genommen, kann nichts schaffen. Sie ist nur das Maß für etwas »Konkreteres«, die menschliche Energie. Für weitere Ausführung sei Robert Kurz »Die Substanz des Kapitals«, op. cit. empfohlen.

das erst sichtbar wird, wenn es sich in *Tauschwert* verwandelt. Dieser gibt an, was man im Tausch für eine Ware bekommt – in der Regel eine Summe Geld. Man darf den Wert – das ist die Arbeitszeit – nicht mit dem Tauschwert verwechseln, der aus einer anderen Ware besteht (historisch gesehen aus mehr oder weniger edlen Metallen, dann aus Münzen).

Es gibt also keine konkrete Arbeit, die von der abstrakten Arbeit verschieden wäre. Es ist *dieselbe* Arbeit, die gleichzeitig eine abstrakte und eine konkrete Seite hat. Man kann auch sagen, dass es zwei verschiedene Weisen sind, diese Arbeit zu »betrachten« oder zu »behandeln« (unter der Voraussetzung, dass man sich diese Betrachtung nicht als bewussten Akt vorstellt). Im Kapitalismus ist jedwede Arbeit genauso konkret wie abstrakt; es sind zwei Seiten derselben Medaille, derselben Realität. Die Arbeit des Tischlers hat eine abstrakte Seite (die den Wert ergibt und schließlich den Preis für den Tisch, den er herstellt), wie auch die Arbeit des Bloggers eine konkrete Seite hat (er stellt beispielsweise Fake News her). Eine Arbeit kann also nicht »abstrakter« als eine andere sein, kann auch nicht erst konkret sein und dann im Tausch »abstrakt werden«.[168] Jede Arbeit ist im Kapitalismus von Anbeginn an zur Gänze abstrakt *und* zur Gänze konkret – es hängt nur vom Blickwinkel ab, aus dem sie betrachtet wird.

Man könnte versucht sein, die abstrakte Seite der Arbeit als einfache Gedankenoperation abzutun, eine Vereinfachung, die den Tauschverkehr erlaubt, indem sie alle Arbeiten, ebenso wie die von ihnen erzeugten Waren, auf ein gemeinsames Maß zurückführt, obwohl sie von Natur aus unterschiedlich und unvergleichbar sind. In der kapitalistischen Gesellschaft – der Warengesellschaft, der bürgerlichen, der modernen; diese Begriffe sind hier gleichbedeutend – ist die abstrakte Seite der Arbeit nicht neutral. Sie wird selber zur Herrscherin. Obwohl es vom Konkreten abstammt, wird das Abstrakte durch eine Art von Verkehrung zur substanziellen Realität, und das Konkrete existiert nurmehr als die flüchtige und austauschbare Verkörperung des Abstrakten.

168 Auch wenn einige Marxisten behaupten, dass dem so wäre, aber damit stellen sie sich offen gegen die Schriften von Marx.

Diese Beschreibung wird selbst etwas weniger abstrakt, wenn man sie mit dem Alltagsleben in Verbindung bringt: Die Fähigkeit der verschiedenen Arbeiten und der daraus entspringenden Waren, gesellschaftliche Wünsche und Bedürfnisse zu befriedigen, zählt nichts gegenüber ihrer einzigen gesellschaftlichen Funktion, nämlich den größtmöglichen Wert und vor allem den *Mehrwert*, die Quelle des *Profits*, darzustellen. Der Wert ist selbst ein abstrakter Begriff. Man muss ihn nur durch seine Verkörperung in einer Ware ersetzen, nämlich durch das Geld, und alles wird klar. Was wir »Wirtschaft« nennen, dreht sich nur um das Geld (Wert) und den Profit (Mehrwert). Obwohl Menschen verhungern, wirft man Lebensmittel weg, wenn sie nicht genug Profit versprechen, aber man produziert Millionen von Luxusautos, wenn das eine »gute Investition« ist. Wenn man sich von schlichter moralischer Verurteilung frei macht, die dieses Phänomen mit »Habsucht« und »Egoismus« – ob nur gewisser Individuen oder Gruppen oder der Menschheit schlechthin – erklärt, muss man hier in letzter Analyse eine Folge der doppelten Natur der Arbeit erkennen. Jede Arbeit – und daher jede Ware – zählt nicht wegen ihrer Besonderheit und ihrem Verhältnis zum Leben der Menschen, sondern nur als mehr oder weniger große Portion einer einzigen, immer gleichen Substanz, die ohne Inhalt ist und jede Besonderheit nichtig macht. Marx bezeichnet die abstrakte Arbeit auch als »Gallerte«. Aber es ist eine imaginäre, phantasmagorische Gallerte. Diese Arbeit ist nichts »als dieselbe gespenstige Gegenständlichkeit, eine bloße Gallerte unterschiedsloser menschlicher Arbeit, d. h. der Verausgabung menschlicher Arbeitskraft ohne Rücksicht auf die Form ihrer Verausgabung«.[169] Es handelt sich um eine kollektive und unbewusste Projektion, in der die Waren entsprechend der Quantität von Arbeit, die ihre Herstellung gekostet hat, behandelt werden – aber diese Arbeit ist im Gegensatz zum Gebrauchswert des Produkts nicht mehr gegenwärtig. Sie ist imaginär geworden.

Und darum hat auch der Wert nichts »Neutrales« oder Unschuldiges an sich. Während die Arten und Formen des Gebrauchs unendlich sind, gibt es nur einen Wert, immer denselben. Ebenso

169 Karl Marx, *Das Kapital*, Band I, MEW 23, S. 52.

ist die abstrakte Arbeit immer dieselbe. Angesichts der Abwesenheit unterschiedlicher *Qualitäten* gibt es nichts als reine *Quantität*. Jeder Wert unterscheidet sich vom anderen einzig durch seine verschiedene Quantität: »Ebenso gelten die mannigfaltigen in den verschiedenen Warenkörpern enthaltenen bestimmten, konkreten, nützlichen Arbeitsarten jetzt als ebenso viele besondre Verwirklichungs- oder Erscheinungsformen menschlicher Arbeit schlechthin.«[170] Es ist gleichgültig, was man in der Arbeitszeit herstellt, sofern die Schöpfung von Wert und Mehrwert den Standards entspricht, die das Kapital benötigt, um sich zu reproduzieren (damit also die Investition profitabel ist). Die abstrakte Arbeit und ihre Folge, der Wert, beruhen also auf einer *strukturellen Gleichgültigkeit* gegenüber der Welt, auf einer Unfähigkeit, die Folgen der Produktion zu berücksichtigen. Der Egoismus der Betreiber dieser Logik, das heißt der Herrschenden und der Ausbeuter, fügt sich ihr nur hinzu, steht aber nicht an ihrem Anfang.

Die zeitgenössische Gesellschaftskritik hat die Folgen dieser Grundstruktur der Warengesellschaft, und vor allem ihre zerstörerische Kraft, ausführlich erläutert: Wenn die konkrete Arbeit und der Tauschwert nur als »Träger« einer gleichgültigen und abstrakten Substanz bestehen, ist die ganze Gesellschaft in Haft genommen von der Selbstbewegung dieses »automatischen Subjekts« (Marx),[171] das der Wert ist und das die gegenständliche Welt zu seinem Wachstum als Wert wie als Kapital verschlingt.

Die Materialisierung der Wertlogik

Um zum Beton zurückzukehren: Man muss vor allem diesen Aspekt der Wertlogik betonen – seine Vernichtung der Diversität, die schlussendlich eine Vernichtung der Welt ist, auch in der Praxis. Hier handelt es sich um eine gigantische reductio ad unum, eine ontologische Gleichschaltung, eine permanente Uniformierung. Für den Wert sind die ungezählten Formen der Welt nur Verkleidungen der einen immer identischen Substanz. Marx hat dieses Phänomen mit dem Wort *Gallerte* gut beschrieben.

170 Ibid., S. 78.
171 Ibid., S. 169.

Für ihn ist der Gebrauchswert das Gegenteil des Werts. Dieser Gegensatz wurde oft als eine Dialektik zwischen einem »positiven« und einem »negativen« Pol interpretiert; der Gebrauchswert würde darstellen, wozu die Produktion unter menschlichen Gesichtspunkten wirklich dienen müsste. Die Schaffung von Gebrauchswerten erschiene dann als rein technischer Faktor, als vorgesellschaftlicher Bezug zwischen Mensch und Natur, der erst durch den Wert pervertiert wird, wenn das Produkt als Ware verkauft wird. In Theorie wie Praxis der Linken rief man daher allzu leichtfertig zur »Befreiung« des Gebrauchswerts auf. Ein gewisses Maß an geistiger Anstrengung war nötig, um zu verstehen – und verständlich zu machen –, dass der Gebrauchswert im Kapitalismus genauso schädlich wie der Wert sein kann. Im voll entwickelten Kapitalismus dient er nur als Träger, als Substrat für den Wert, und wurde von Anbeginn mit dieser Funktion in die Welt gesetzt – sie fügt sich nicht nachträglich hinzu. Jede Ware besteht aus einer Art Kompromiss zwischen ihren technischen oder natürlichen Eigenschaften und den Notwendigkeiten der Verwertung.

Es gibt aber zwei Stoffe, die in vollkommenem Einklang mit der abstrakten Arbeit stehen und sich durch ihre vollkommene Übereinstimmung – ein veritabler Isomorphismus – mit dem Wert auszeichnen. Das sind der Beton und das Plastik.[172] Wir haben die Marx'sche Definition der Masse abstrakter Arbeit als »Gallerte« zitiert. Nun, gibt es etwas, das einer Gallerte so sehr ähnelt wie der Beton? Wir haben es hier aber nicht mit einer simplen Analogie zu tun. Der Beton ist die vollkommene Materialisierung der Wertlogik. Er ist seine Hypostase, seine Leibhaftigkeit. Er verkörpert par excellence *die konkrete Seite der Warenabstraktion.* »The concrete«, also der Beton, ist die sichtbare Seite der Abstraktion. Er ist Stoff ohne ihm eigene Begrenzung (flüssig anfangs), amorph, polymorph, der welche Form auch immer ausfüllen kann. Er löst alle Unterschiede auf und ist immer ungefähr dasselbe (außer er ist schlecht abgemischt). Er passt sich allen klimatischen und anderen Bedingungen an. Er hat *keine eigene Form*, aber er kann alle an-

172 Man kann eine ähnliche globale Homogenisierung an einem anderen Zentralprodukt der Moderne wahrnehmen: am Benzin.

nehmen. Er existiert in keinem Naturzustand, aber er ist allgegenwärtig. Das Gleiche gilt für den Wert: Er kann die Form wechseln, Geld sein, Ware werden, wieder Geld sein, eine Reihe von Verwandlungen durchmachen, bis er unkenntlich wird – etwa, wenn er sich in einem Gebrauchswert verkörpert –, und schließlich zu seiner Ausgangsgestalt zurückkehren. Der kapitalistische Wert hat alle lokalen Besonderheiten und alle Traditionen abgeschafft und sich als das einzige Gesetz bis in die entferntesten Winkel des Planeten durchgesetzt, deren gesellschaftliches Leben früher Gesetzen folgte, die sich je nach Region stark voneinander unterschieden. Genauso hat der Beton sein eintöniges Regime über die ganze Welt erstreckt und durch seine Gegenwart alle Orte einander angeglichen. Die Gallerte der abstrakten Arbeit besteht aus Kalk und Schutt.

Diese stoffliche Eintönigkeit findet sich auch in den Bauwerken wieder, die mit diesem Baustoff errichtet werden, in der andauernden Wiederholung einiger Basismodule. Jeder Bau ist nur ein Exemplar seiner Gattung, eine flüchtige Materialisation einer grundlegenden Abstraktion. Der rein quantitative Aspekt des Betons hat auch eine Parallele in der Auflösung der sozialen Klassen, die man in einem Teil der modernen Architektur beobachten kann. So wie die gesellschaftlichen Unterschiede nicht mehr an den Status und verschiedene Lebensweisen gebunden, sondern bloß je nach Einkommensunterschieden rein quantitativ geworden sind, so unterscheidet sich der Wohnraum oft (obgleich nicht immer) vor allem in der Quantität. Die Armen und die Reichen können dieselben Wolkenkratzer bewohnen, aber in Wohnungen sehr verschiedener Größe – ein Aspekt, der übrigens im schon zitierten Roman von R. G. Ballard eine Rolle spielt.

Mit seiner höchst beschränkten Lebensdauer, seiner klaren Eingliederung in die Welt der »programmierten Obsoleszenz« und seinem kurzen Zeithorizont trägt der Stahlbeton auch zur anthropologischen Revolution bei, die im Gange ist: einer veritablen Neudefinition einiger der fundamentalen Wesenszüge der Menschheit. Ganz allgemein kann gesagt werden, dass die menschliche Existenz sich auf einem Feld abspielt, das zwischen den beiden Polen der Ewigkeit und der Flüchtigkeit liegt, zwischen dem, was bleibt, und dem, was vergeht, dem »unveränderlichen Element« und dem »relativen«, wie Baudelaire sagte, der sich über die exzessive Rolle beklagte, die man ihm zufolge zu seiner Zeit dem »ewig Schönen«[173] zuschrieb, um an dessen Stelle »die vergängliche, flüchtige Schönheit des gegenwärtigen Lebens«[174] zu rühmen. Die vormodernen Gesellschaften und die sie begleitenden Gedankenwelten bestanden im Allgemeinen – zumindest in Europa – auf einer ontologischen Überlegenheit des Unwandelbaren gegenüber dem Vergänglichen, wobei diese in ein System von Gegensätzen eingegliedert wurde, die sich überschnitten und oft unter einem hierarchisierenden Gesichtspunkt betrachtet wurden: Form – Materie, Kultur – Natur, männlich – weiblich. Diese Vorliebe für das Unwandelbare auf allen Ebenen verleiht diesen Gesellschaften ihr charakteristisch starres und konservatives Erscheinungsbild. Das Leben ist im Wesentlichen von einer zur anderen Generation das gleiche. Mit der Moderne dann, in der »alles Ständische und Stehende verdampft«, wie das *Kommunistische Manifest* jubelnd erklärt, ist man in eine gegensätzliche Ontologie eingetreten. Der Anteil der »Flüchtigkeit« an individuellen und kollektiven Existenzen ist ohne Unterlass angewachsen und hat dabei selbst den Sinn der Übertragung zwischen den Generationen in Frage gestellt, die immer einer der Pfeiler des gemeinschaftlichen Lebens war. Diese Neigung zum Unbeständigen und zum permanenten Wandel wurde oft als Befreiung erlebt, vor allem von jenen, die aus der Auflösung alter Lebensformen nur Gewinn ziehen konnten. Wenn jedoch die andauernden Wechsel erträglich oder sogar willkommen waren, dann deshalb, weil sie sich nicht auf *alle* Bereiche des Lebens erstreckten. Einiges widerstand dem Wandel und brachte ein Gefühl der Kontinuität für die Einzelnen mit sich und erlaubte ihnen so, ihr Leben, jedenfalls in der Rückschau, als eine mit Sinn ausgestattete Einheit (heute würde man sagen: Narrativ) wahrzunehmen. Hannah Ahrendt hat als eine der ersten in *The Human Condition* (University Press, 1958, *Vita activa oder Vom tätigen Leben*, Piper, 1960) die Wichtigkeit dessen betont. Danach haben Christopher Lasch in seiner Untersuchung *Das Zeitalter*

173 Charles Baudelaire, »Der Maler des modernen Lebens«, in: Charles Baudelaire, *Sämtliche Werke/Briefe*; Band 5, Hanser, München 1989, S. 215.
174 Ibid., S. 258.

des Narzissmus (Steinhausen, 1980) und in jüngster Vergangenheit Zygmunt Baumann in seinen Analysen der »liquiden Gesellschaft« diese Diagnosen weitergeführt. In einer Umgebung zu leben, die sich permanent verändert, ist eine Folge, aber auch eine mentale Voraussetzung des Industriekapitalismus. Das heutige Subjekt hat sich an Obsoleszenz und unaufhörliche Erneuerung seiner Kleidung und Autos gewöhnt. Es hat sich auch an den ständigen Austausch seiner Freunde und Liebespartner, seiner Kinder (im Falle der Patchworkfamilien) und seiner Arbeit, seines Wohnorts und seiner politischen Überzeugungen gewöhnt – falls nötig unter Zuhilfenahme von Psychopharmaka und Therapeuten.[175] Aber die völlige Abwesenheit von schon bekannten und daher erkennbaren Rahmen kann das Subjekt in den Wahnsinn treiben (wie etliche dystopische Filme zeigen), während die Existenz stabiler Strukturen eine wichtige stützende Rolle spielt, die das Schlimmste verhindert.

Zu den Elementen, die sich am langsamsten wandeln, zählen natürlicherweise die Gebäude – im Wesentlichen überleben sie nicht nur ihre Auftraggeber und Erbauer, sondern reihen sich unter die dauerhaftesten stofflichen Hervorbringungen der Menschheit überhaupt ein. Man kann sich daher leicht die psychischen Verwerfungen ausmalen, die aus den zu weitreichenden und zu schnellen Wandlungen in diesem Bereich resultieren, vor allem im Maßstab ganzer Populationen. Eine Stadt, die in jeder Generation neu erbaut wird, wie es Antonio Sant'Elia erträumte, kann nur ein Albtraum sein, unabhängig davon, wie gebaut wird. Nach vielen Jahren an einen Ort zurückzukehren, vor allem, wenn er an die Kindheit oder andere wichtige Erinnerungen gebunden ist, und ihn völlig verändert anzutreffen, gilt im Allgemeinen als eine traurige oder sogar traumatische Erfahrung, wie im schon erwähnten Lied Adriano Celentanos.[176] Der Stahlbeton mit seiner

175 Natürlich gibt es Dinge im Leben, die unveränderlich sind. Die italienischen *tifosi* behaupten gerne, »dass du deine Freundin wechseln kannst, nicht aber deine Mutter noch deinen Fußballklub«.

176 Außer natürlich, wenn sich das Subjekt die unangenehme Armut dieses Orts in Erinnerung ruft und eingetretene »Fortschritte« feststellen kann. Aber selbst der reich gewordene Heimkehrer wird geschockt sein, wenn er in seinem Herkunftsort *nichts* vorfindet, woran er sich erinnert.

sogenannten Lebenserwartung einiger weniger Jahrzehnte, mit seiner Eingliederung in ein ökonomisches System, das Bauwerke unwiderruflich in eine Ware verwandelt hat, die wie alle Waren umso rentabler ist, je schneller ihr Rhythmus der Neuersetzung ist, der Einfachheit seiner Anwendung, die dazu führt, schnell herzustellen, abzutragen und neu wieder herzustellen, und das ohne langfristige Kalkulation – er trägt mit aller Kraft dazu bei, eine Welt zu schaffen, in der »wir uns selbst nicht mehr wiederfinden« und in der sich der Bezugsrahmen unseres Lebens schneller als unsere Herzen ändert. Die unglückselige Neigung, nur kurzfristig zu denken, die auch eines der Haupthindernisse ist, sich der ökologischen Katastrophe zu stellen, wird in hohem Maß durch die Verflüssigung selbst von Stein und anderer, dem Anschein nach so fester Bestandteile der Konstruktion verstärkt. So gewöhnt uns der Beton jeden Tag mehr an eine Welt, in der gilt:

> »An welchen Eckpunkt wir uns auch zu binden und fest zu verankern gedenken, er ist lose und weicht von uns. Und wenn wir ihn verfolgen, entzieht er sich unseren Griffen, er gleitet und eilt auf ewiger Flucht dahin. Nichts steht für uns still, das ist die Lage, die uns natürlich ist und gleichwohl unseren Neigung am meisten zuwider läuft. Wir brennen vor Verlangen, einen festen Grund zu finden und einen letzten, beständigen Stützpunkt, um darauf einen Turm zu errichten, der sich ins Unendliche erhebt, aber unsere ganze Grundlage birst und die Erde tut sich bis in ihr ihre Abgründe hinein auf.«[177]

177 Blaise Pascal, *Pensées – Gedanken*, Missverhältnis des Menschen, Wbg, Darmstadt 2016, S. 129. Debord »zweckentfremdet« (»détournement«) einige Worte dieser Betrachtung in § 71 der *Gesellschaft des Spektakels*. Es ist hier nicht von Bedeutung, dass all die Ausdrücke, die Pascal verwendet und die sich auf das Bauen und den Raum beziehen (Grundlage [Fundament im französischen Original], Grund, Turm, errichten, Stützpunkt, bersten, Erde, Abgrund), Metaphern sind, um auf das unsichere Wissen des »Menschen ohne Gott« zu verweisen; er scheint doch von unserer Welt zu sprechen.

Epilog

Am Ende seines Buchs über die Morandibrücke drückt Cyrille Simmonet seine Befürchtung aus, eine »Abwertung des anfänglichen Baustoffs, des Stahlbetons, des vorgespannten Betons« stehe[178] bevor. Er unterstreicht, dass die neue Brücke, die der »Stararchitekt« Renzo Piano entworfen hat, aus Stahl errichtet werde, wie um das Andenken an den Beton auszulöschen.[179] Auf der Baustelle gab es keinen einzigen Tag Stillstand, auch während der Corona-Epidemie nicht, wessen sich das Unternehmen rühmte, und zum großen Teil waren die Arbeiten am 28. April 2020 beendet, wenige Tage vor der Aufhebung der Ausgangssperre. Die Eröffnung fand am 3. August 2020 statt, allerdings mit etwas weniger Pomp als üblich.

Sind wir dabei, aus dem Beton auszusteigen? Was soll man von »Ökologischem Bauen« oder technischen Alternativen wie der Beigabe von Korallen im Beton halten? Oder von einem »Urbanismus der Mitbestimmung«? Wir glauben, dass alle Vorschläge zu Gunsten eines neuen Urbanismus nicht viel taugen, denn es muss sich das Leben ändern, bevor sich die Stadt ändert. Wenn der Urbanismus, selbst mit den besten Absichten der Welt, die Zusammenarbeit mit den vorhandenen Institutionen und die Anerkennung der »ökonomischen Erfordernisse« voraussetzt, wird dabei nichts Gutes herauskommen. Und einmal mehr waren es die Situationisten, die schon vor gut sechzig Jahren die aussagekräftigste Kritik dessen entwickelten, was man uns heute als die letzte Neuigkeit verkaufen will:

178 Cyrille Simonnet, *Morandi à Gênes*, op. cit., S. 112 (Übersetzung G. W.)

179 Dass jedoch Piano angekündigt hat, dieses Bauwerk (mit Pylonen aus Stahlbeton) würde tausend Jahre halten, ist nicht sehr beruhigend; »When will they ever learn?«, wie es beim Folksänger Pete Seeger heißt …

»Vor dessen Verschmelzung mit einer generalisierten revolutionären Praxis ist der Urbanismus zwangsläufig der erste Feind aller Möglichkeiten des städtischen Lebens unserer Epoche. (…) Um ihrem Vorhaben wirklich zu entsprechen, muss die experimentelle Methode selbstverständlich die Totalität umfassen, was bedeutet, dass ihre Durchführung unmöglich zu einem ›neuen Urbanismus‹, sondern nur zu einem neuen Lebensgebrauch, zu einer neuen revolutionären Praxis führen kann.«[180]

Am 13. Pluviôse des Jahres II (1. Februar 1794), also in der intensivsten Phase der Französischen Revolution, stimmte der Nationalkonvent für ein Dekret, das die sofortige Schleifung der feudalen Schlösser, vor allem aller Türme als Symbole der Tyrannei, vorsah. Diese Zerstörungen waren schon an einigen Orten durch lokale »sociétés populaires« vorgenommen worden. Und wenn man sich heute für eine ähnliche Aktion gegen die viel bedrückenderen »Wohntürme«, die die tyrannische Warengesellschaft geschaffen hat, entschiede?

Die Kritik an der Architektur und insbesondere am Beton stellt einen idealen Verbindungspunkt zwischen der Kritik am Kapitalismus als ökonomischem und gesellschaftlichem System und der Kritik an der Industriegesellschaft dar. Diese zwei Lebensformen haben sich spätestens seit dem achtzehnten Jahrhunderts zusammen entwickelt. So wie es keinen »ökologischen« oder »grünen« Kapitalismus geben kann, weil dieser notwendig immer industriell ist, so ist auch die Industrie nicht »neutral«. Weit davon entfernt, für den Aufbau einer befreiten Gesellschaft eingesetzt werden zu können (wie es die Arbeiterbewegung glaubte), ist ihre Anwendung von ihren inneren Strukturen determiniert.

180 »Critique de l'urbanisme«, op. cit., S. 204–205 (Übersetzung G. W.). Man könnte es auch mit dem hübschen lateinischen Satz ausdrücken, den der englische Revolutionär Edward Sexby in seinem Pamphlet über den Tyrannenmord (*Killing, no murder*, 1657) zitiert, leider ohne die Quelle anzugeben außer »says an old poet«: »vir bone servorum nulla est unquam civitas«, was Sexby selber mit »a number of slaves makes not a city« übersetzt.

Anstatt bloß gegen das Verschwinden der traditionellen Architektur zu kämpfen, müsste man eher die moderne Architektur zum Verschwinden bringen! Jedenfalls geht es nicht um die Rückkehr zu Praktiken vergangener Bauweisen als solchen. Es gibt ganz offensichtlich moderne Techniken, oft ganz einfache, die in Techniken integriert werden können, die sich über Jahrtausende bewiesen haben. Man kann dazu die – theoretischen wie praktischen – Arbeiten des ägyptischen Architekten Hassan Rafthy (1900–1989) anführen, der 1980 den ersten Right Livelihood Award, als »Alternativer Nobelpreis« bekannt, erhielt. Er ist vor allem dafür berühmt, Elemente der alten nubischen Architektur bei der Errichtung des Dorfes Neu-Gurna in Ägypten verwandt zu haben, wie auch für seine Dokumentation zu diesem Unterfangen.[181]

Die Trennung von Kopf und Hand, von Planung und Ausführung, zeigt sich mehr und mehr als eines der großen Probleme, vor das uns die heutige »Zivilisation« stellt. Angesichts der Allgegenwart der Informationstechnologie in unseren Gesellschaften ermuntern uns Autoren, die Kontrolle über unser Leben wiederzugewinnen, und erfahren ein wachsendes Echo.[182] Doch ihr Loblied auf manuelle und praktische Arbeit zeigt sich im Allgemeinen blind gegenüber der Unterscheidung zwischen konkreter und abstrakter Arbeit, die die Grundlage der Warengesellschaft bildet. Es geht nicht nur darum, ob eine Tätigkeit körperlich oder geis-

181 Hassan Fathy, *Architecture for the Poor: An Experiment in Rural Egypt*, University of Chicago Press, 1973 (ursprünglich 1969 in limitierter Auflage für das ägyptische Kulturministerium).

182 Siehe z. B. Nicholas Carr, *The Glass Cage, Automation and Us*, Norton, New York 2014 (*Abgehängt. Wo bleibt der Mensch, wenn Computer entscheiden?*, Hanser, München 2014); Matthew Crawford, *Shop Class as Soulcraft: An Inquiry Into the Value of Work*, Penguin, London 2009 (*Ich schraube, also bin ich: Vom Glück, etwas mit den eigenen Händen zu schaffen*, Ullstein, Berlin 2010); Matthew Crawford, *The World Beyond Your Head: On Becoming an Individual in an Age of Distraction*, Farrar, Straus and Giroux, New York 2015 (*Die Wiedergewinnung des Wirklichen: Eine Philosophie des Ichs im Zeitalter der Zerstreuung*, Ullstein, Berlin 2016); Richard Sennett, *Handwerk*, Berlin-Verlag, Berlin 2008; Arthur Lochmann, *La Vie solide. La charpente comme éthique du faire*, Payot et Rivages, Paris 2019.

tig, ganz oder zerstückelt, sinnvoll oder sinnlos, autonom oder unter Anleitung eines »Fachmanns« ausgeführt wird, sondern auch darum, ihre Rolle in der Gesellschaft einzuschätzen: Erlaubt sie die Befriedigung von Bedürfnissen und Wünschen oder ist sie im Wesentlichen dazu da, »Wert« zu schöpfen, der sich in eine Geldsumme verwandelt? Dient ihre konkrete Dimension, unabhängig von den subjektiven Absichten ihrer Urheber, nur als »Träger« der Wertschöpfung?

Die Erschöpfung der Ressourcen, welche wir heute erleben, könnte alten Verfahren und Prozeduren auf den verschiedensten Gebieten wieder zu Ehren verhelfen, auch auf dem des Bauens – Verfahren, die in Epochen zurückreichen, in denen die Menschen notwendigerweise gelernt hatten, mit den ihnen zur Verfügung stehenden Mitteln sparsam umzugehen. Aber es handelte sich um eine Form des »Wirtschaftens«, der »Ökonomie«, die sehr verschieden ist von dem, was wir heute mit diesem Wort verbinden, dessen Etymologie uns jedoch zum *oikos* – dem Haus (mit seinem Wirt) – führt!